部屋で植物を育てたいのですが。

観葉植物・多肉植物を枯らさないコツ

花福こざる

家の光協会

もくじ

観葉植物

多肉植物・エアプランツ

花を楽しむ植物

●植物の置き場所について

本書では、各植物のページの右下に、栽培に適した場所を示すアイコンを入れています。明るさ別に次の3つに分類していますので、参考にしてください。

直射日光もOK……窓際など、日がよく当たる場所

明るい場所を好む……窓から少し離れた場所や、レースのカーテン越しの窓際など、直射日光ではないが、日が当たる場所

半日陰もOK……昼間の半分くらい日が当たる場所や、明るい日陰

部屋で植物を育てるための基本

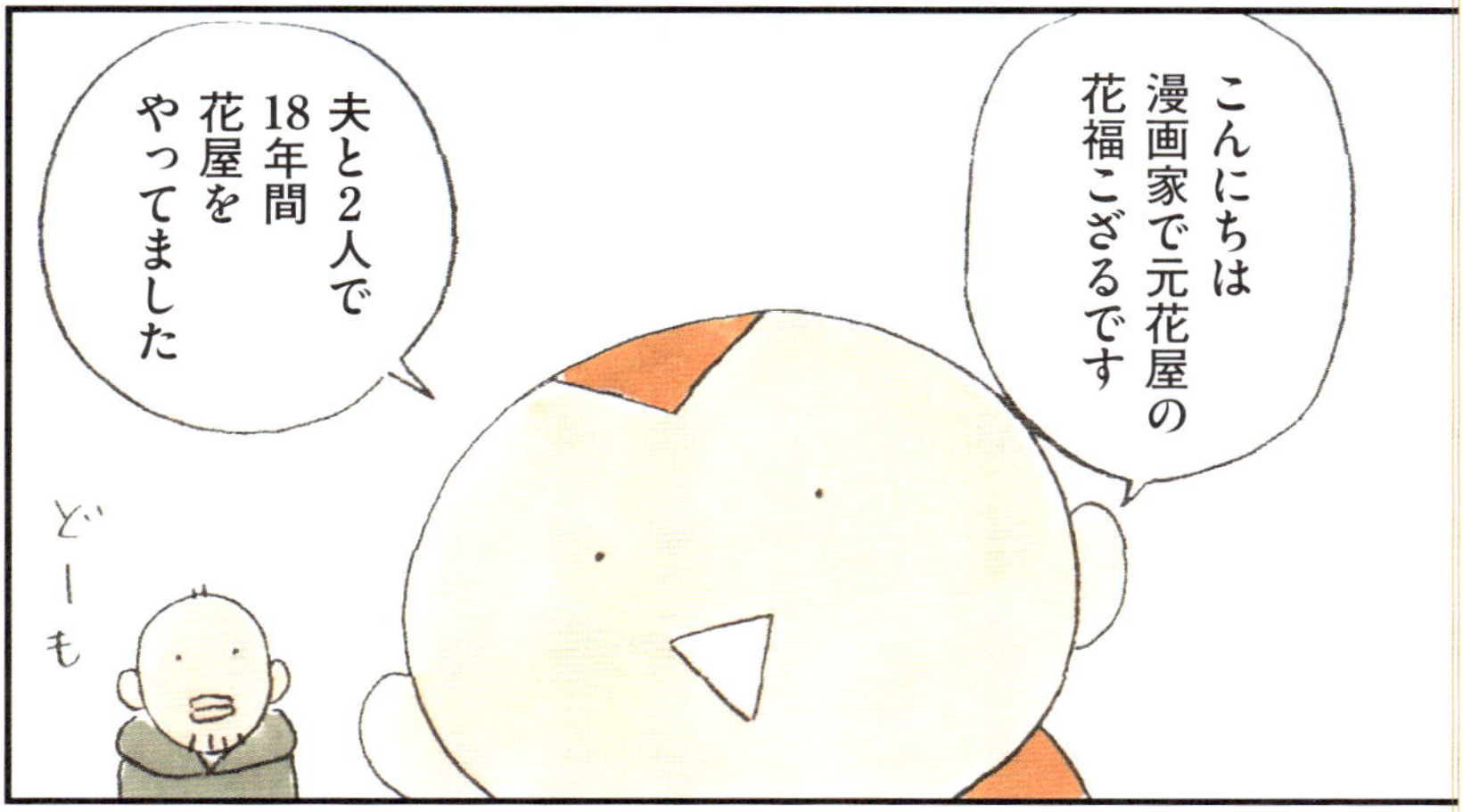

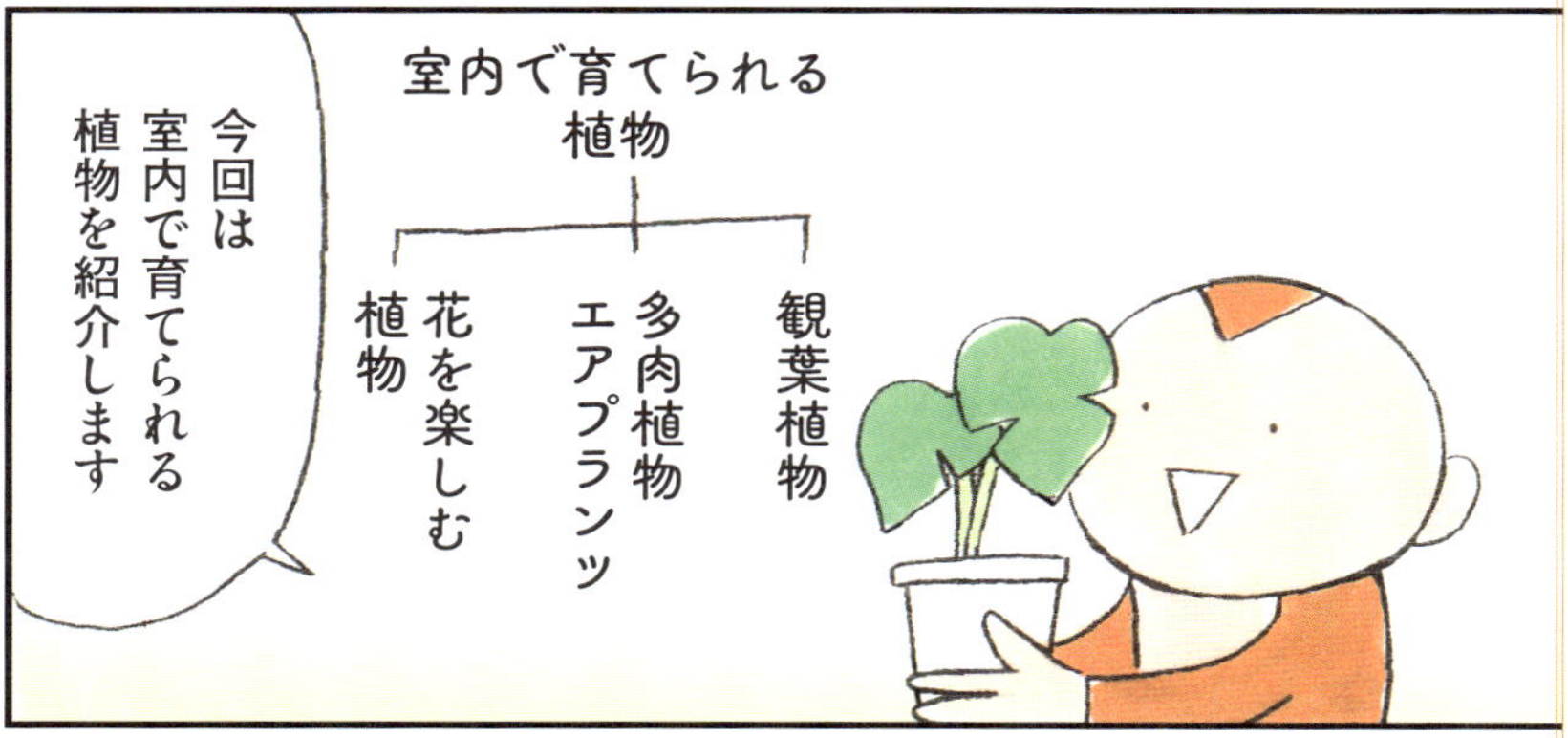

部屋で育てられる植物
ざっくり分けるとこんな感じ
①観葉植物
葉を楽しむ植物
②多肉植物 エアプランツ
茎や葉に水分を蓄えている植物
③花を楽しむ植物
鉢物のほか水耕栽培も
ここで注意
室内で育てられると言っても室内が好きなわけではありません
もともとは外に生えてる植物です
だから育て方にちょっとコツがいります
えーどんなコツ?
室内で育てるには置き場所がとっても大事です
まずは観葉植物の注意点

観葉植物の置き場所
窓辺は葉焼けに注意
窓のない暗い部屋はNG葉が落ちるよ
エアコンの風が直接当たる場所はNG
真夏の直射日光は避けて！
冬の窓辺は朝晩冷えるので窓から少し離そう
風通しが悪いとハダニなどがつきやすいので注意
ほどよい明るさと風通しのよい場所が好き

えー置くとこないじゃーん
植物によって性質が違うから合う場所を見つけてあげてね

買ったばかりなのに葉っぱが全部落ちちゃったよ――
あるあるだねー
ベンジャミンとかコンシンネに多いよね
じつは植物は出荷時が最高の状態なのだ!!
なぜなら生産者のビニールハウスは気温、湿度、日照と最高の環境だから
購入者のおうちは条件がガラリと変わるので
葉を落として木の負担を減らしているのだ
植物も環境になじもうと必死なんだよね
3年くらいで落ち着いてくるよ
3年も――
長い目で見てね～

季節ごとのケアも必要
夏の直射日光は注意
レースのカーテンだけだと光が強いときは日よけなどで遮光する
日よけ
すだれ
冬は明るい場所へ
光の方向へ伸びるのでたまに鉢を回そう
夏は外の半日陰に出しておくのもおすすめ
外に出しとくと育ちがいいよ
半日陰ってどんなとこ？
半日陰とは
①午前中だけ日の当たる場所
建物の東側
②木陰
木もれ日
日陰（暗い日陰）
一日中暗く日の当たらない場所

観葉植物の水やり
水やりの失敗ってやりすぎかやらなすぎのどっちかだよね
毎日水やりしてる
Yes
No
やりすぎ
前回いつやったか覚えていない
Yes
No
乾いたらあげてね
土がパサパサで鉢が軽い、葉がしおれる
やらなすぎ
水やりは朝に
乾いたらたっぷりが基本です
毎日じゃないよ
下から水が出るまで
真夏は週2回冬は月1～2回くらいかな～
乾き具合によるよね
受け皿の水は根腐れ防止のため捨てましょう

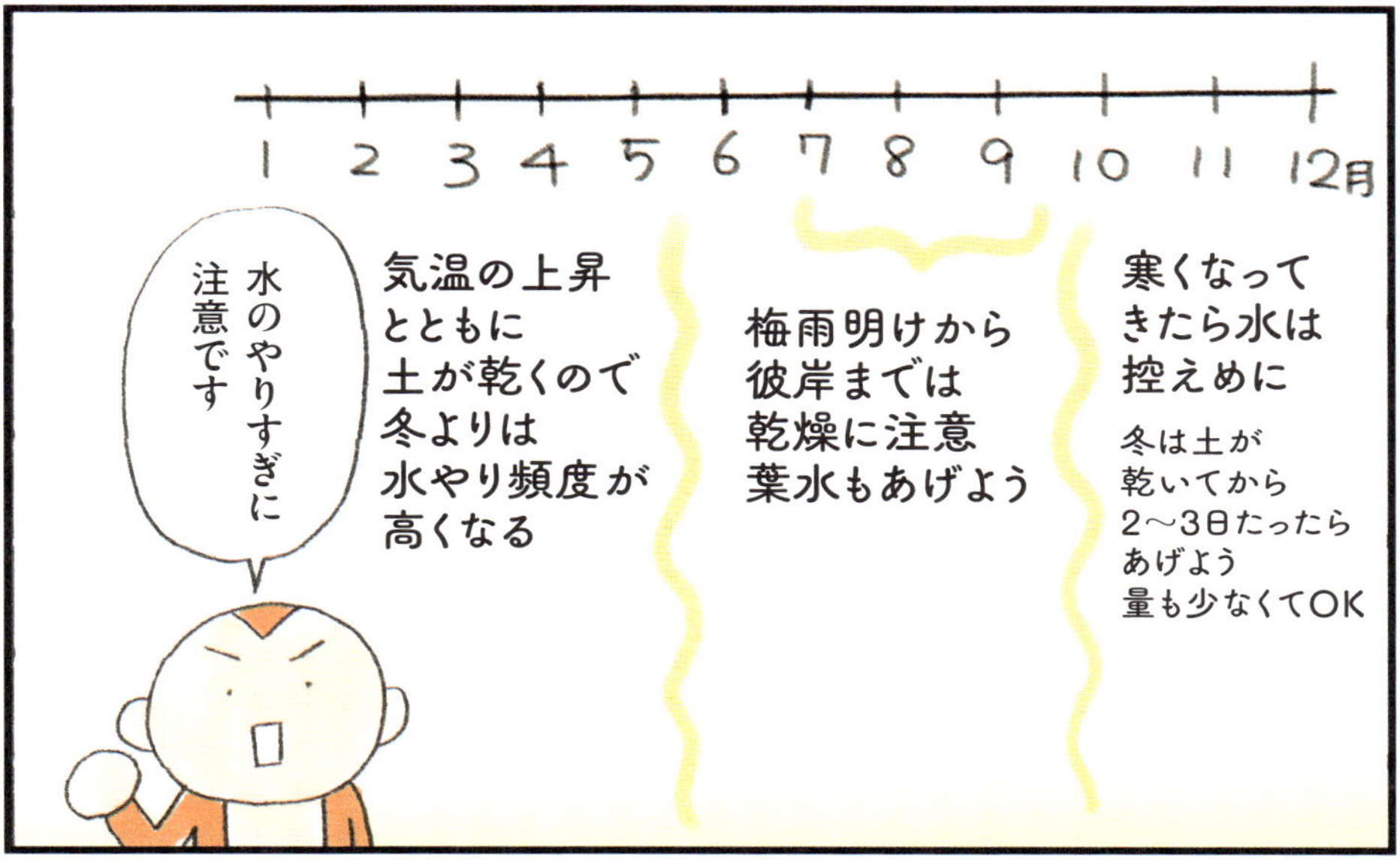
1 2 3 4 5 6 7 8 9 10 11 12月
水のやりすぎに注意です
気温の上昇とともに土が乾くので冬よりは水やり頻度が高くなる
梅雨明けから彼岸までは乾燥に注意葉水もあげよう
寒くなってきたら水は控えめに
冬は土が乾いてから2〜3日たったらあげよう量も少なくてOK

多湿を好むタイプは葉水をあげよう
葉水＝霧吹きで葉に水をかける
夏はシャワーをかけると簡単

葉っぱって拭くの？
たまに拭くといいよ
雑巾
軍手
ティッシュ
ほこりが取れてツヤが出ます

多肉植物・エアプランツの置き場所
もともと乾燥した日当たりのよい場所に生えてる植物です
お日様がスキなのが多いよ
室内の日当たりのよい場所で育ててね
暗い場所はNG
日照不足だとヒョロヒョロになったり葉が落ちたりしちゃう
水やり
土がカラカラに乾いてから数日後または葉にしわがよってきたらたっぷりと
葉に水をかけない
乾かしぎみに
冬の休眠期はあんまりやらなくてOKです
1か月に1回くらい

花ものの置き場所
真夏だけ直射日光を避けてね
レースのカーテン
エアコンの風が直接当たる場所はNG
明るい窓辺
日照不足は花つきが悪くなるよ

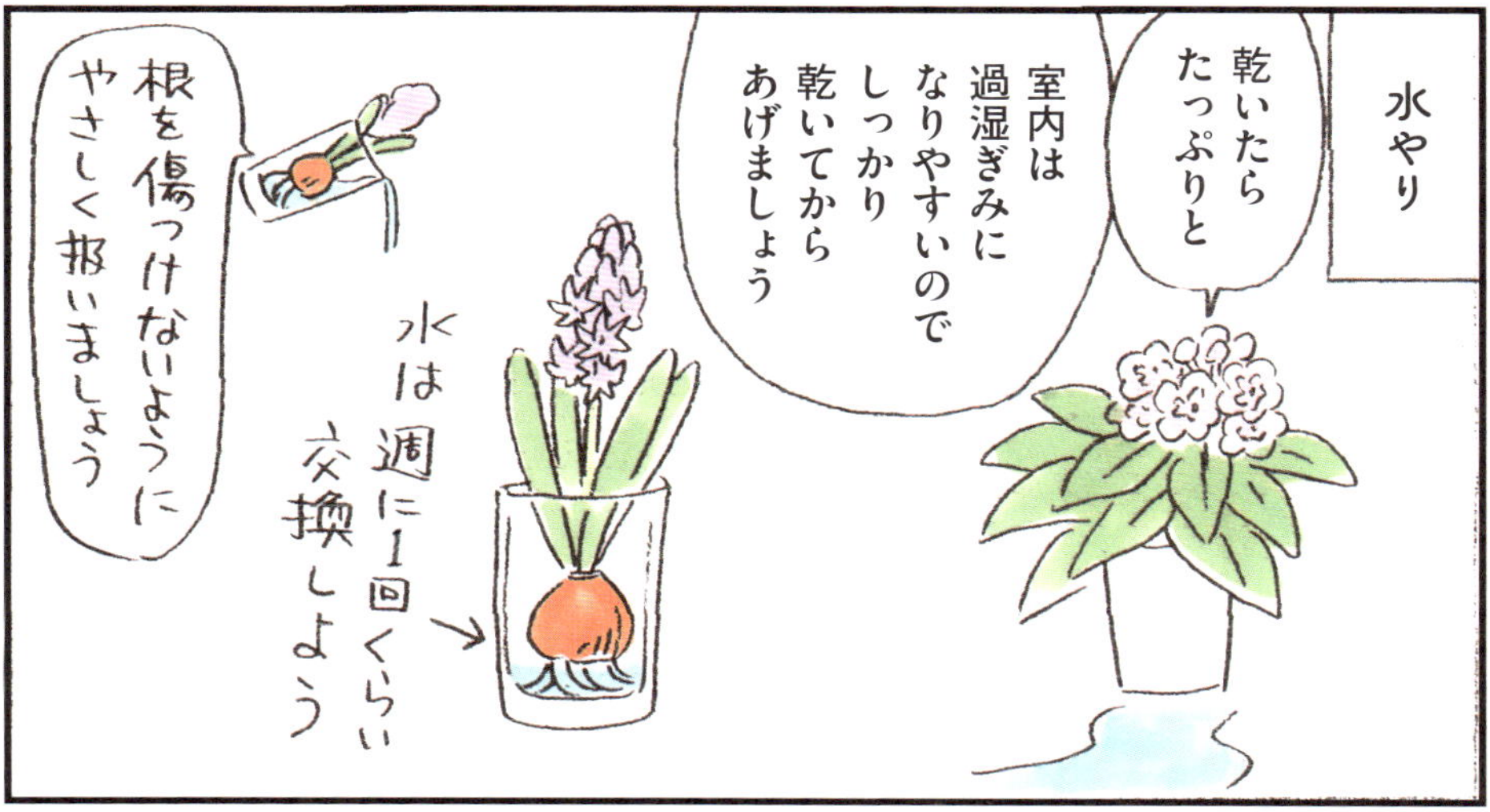

水やり
乾いたらたっぷりと
室内は過湿ぎみになりやすいのでしっかり乾いてからあげましょう
根を傷つけないようにやさしく扱いましょう
水は週に1回くらい交換しよう

道具
ここからは すべての植物 共通です
道具は あるもので OK
キッチンバサミ
ペットボトル
やかん
必要なものは そのつど買い足して いきましょう
100円ショップでも いろいろ売ってるよ
植木鉢（詳しくは p.128）
シャベル
園芸用ワイヤー
土選び
それぞれ 専用の土が あるよ
安すぎないのが いいと思う
はーい
室内用 観葉植物 多肉植物の土
ガーデニング 培養土
観葉植物の土
水苔
多肉植物の土
元肥入り 観葉植物の土

鉢底の石
大きさは鉢に合わせて選んでね
軽いのがおすすめです
小さい鉢には小さい石
大きい鉢には大きい石

慣れてきたら好みのものをブレンドしてもいいかも
赤玉土 小
赤玉土 大
赤玉土
通気性、保水性、排水性がありバランスがよい
パーライト
パーライト
培養土に混ぜると水はけがよくなる
腐葉土
腐葉土
通気性、保肥性、保水性がよい

肥料
元肥
植えるときに土に混ぜます

液肥
生育期に施します
水やりのときに水に混ぜる
速効性
固形肥料
株から離して土に置く
緩効性

植え替え
根詰まりしてきたら植え替えてね
新しく買ってきて植え替えるときも手順は同じ
根詰まりサイン
なんとなく元気がない
葉が黄色くなる
新芽が出ないまたは小さい
下葉が落ちる
根がボーボー
植え替えは暖かい5〜7月がおすすめです
根鉢を崩さずひと回り大きな鉢に植え替えます
新しい根は白い
古い根は黒い
カチカチに固まってたら1／3くらいほぐして古い根をカット
仕上げに鉢底から水が出るまでたっぷり水やり
植え替え後は半日陰で様子みてね
外の半日陰がおすすめ

観葉植物

名前

ポトス

サトイモ科

高さ：20〜180cm以上

花期：4月（稀に）

明るい場所を好む

ハート形の葉が特徴。定番の観葉植物

つる性でハート形の葉が特徴のポトスはソロモン諸島原産の熱帯性植物。自生地では巨大化します。観葉植物として見ているのはじつは幼葉の姿で、自生地では一枚の葉が50センチ以上になります。観葉植物の中でもとにかく育てやすく初心者におすすめです。飾り方もお好みで選べます。

比較的日光を好むので、明るい場所で育てます。斑入り種は暗いと斑が少なくなります。明るい葉色のライムポトスも暗いと葉色が濃くなります。水やりは乾いたらたっぷりと。週に一度は葉水をあげましょう。

植え替えや剪定の適期は5〜9月です。短く切り詰める場合は6月がベスト。生育旺盛ですが、根詰まりしてくると葉が黄変したり新芽が出にくくなったりします。2〜3年に一度は植え替えましょう。挿し木は5〜7月が適期です。肥料はそれほど必要としません。生育期間中に液体肥料または緩効性の置き肥で追肥しましょう。

育てやすいですが、寒さは苦手です。10度はキープしましょう。寒いときは窓から少し離すなど、置き場所を工夫してください。

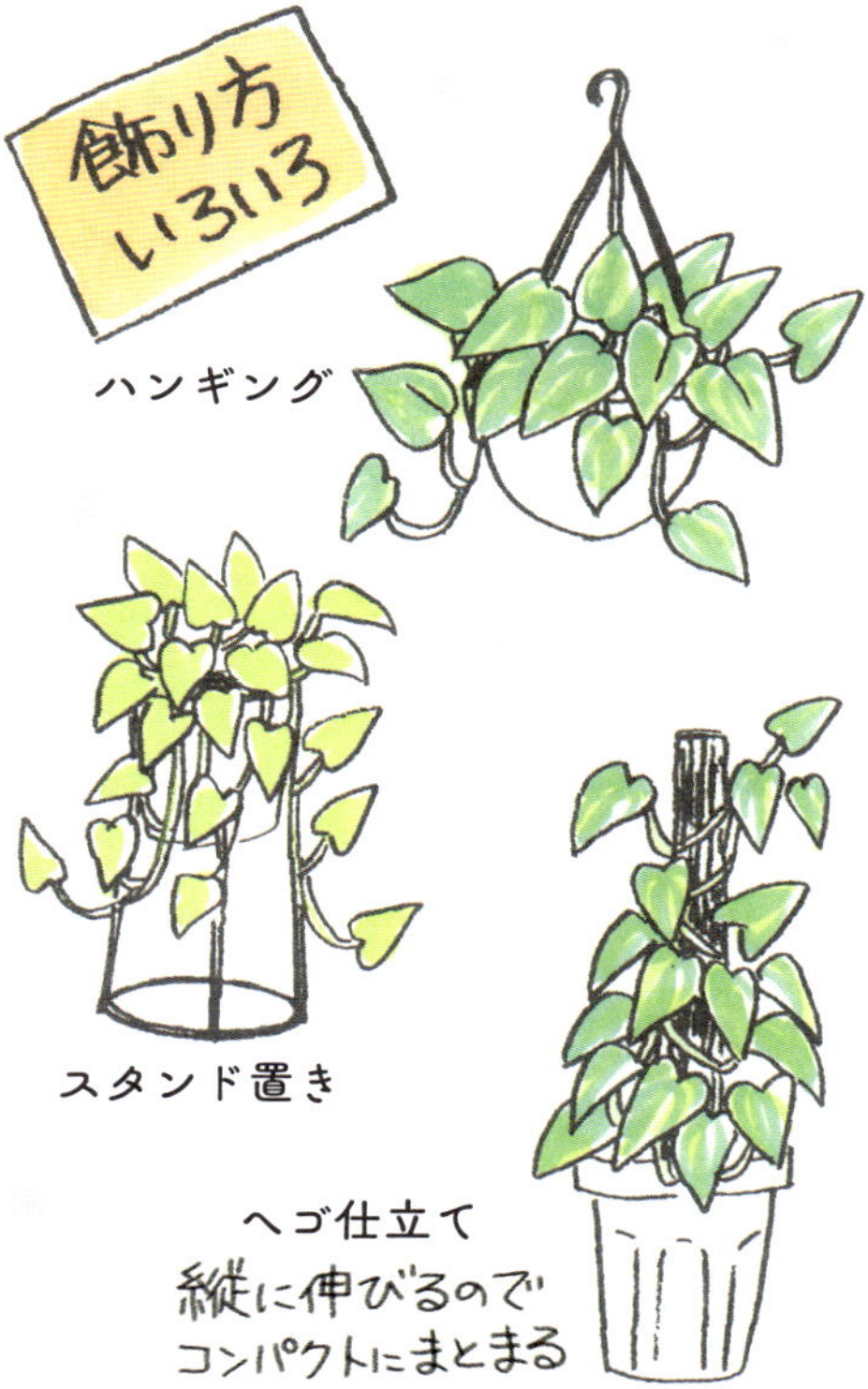

ヘゴ支柱

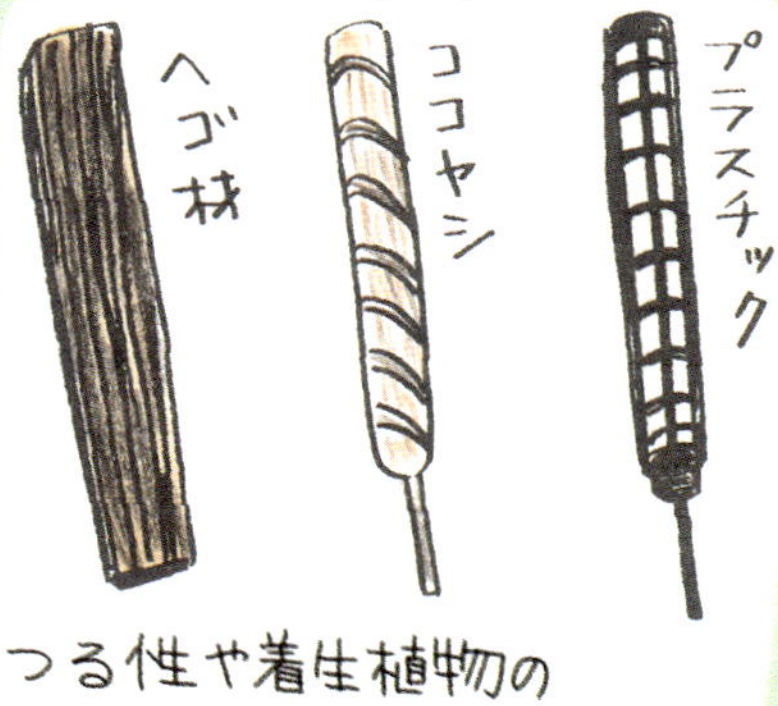

つる性や着生植物の
仕立て用の支柱
いろいろな 大きさや形がある
素材もいろいろ

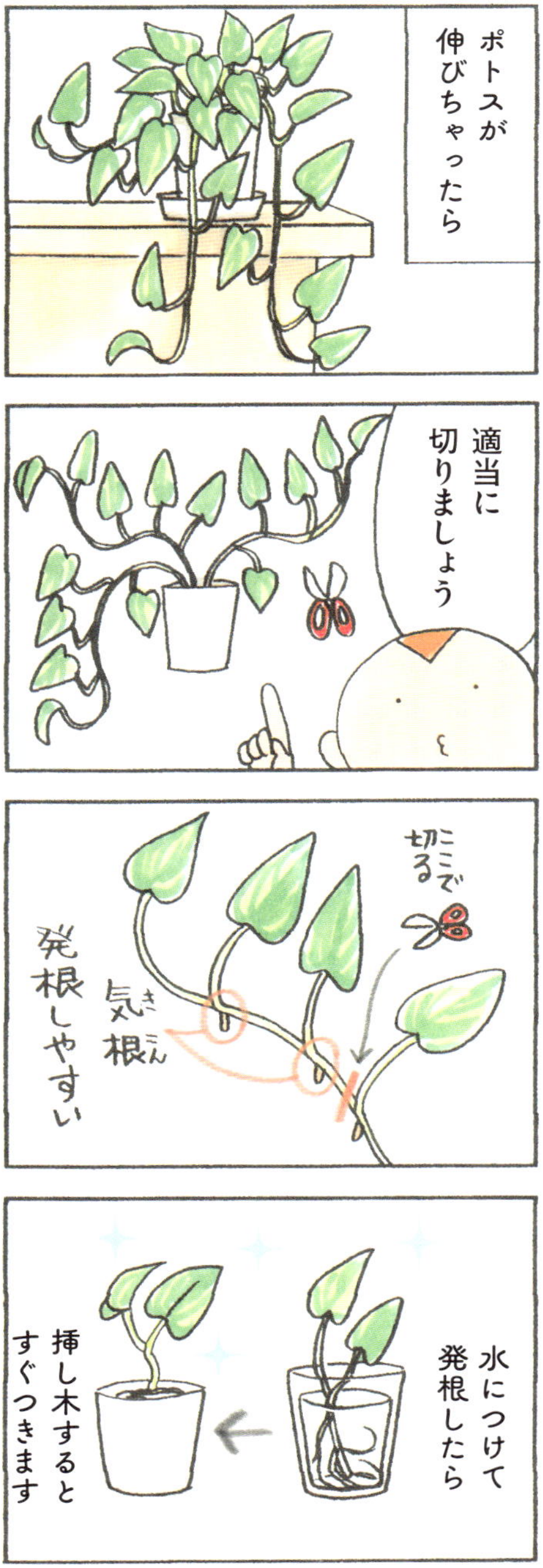

名前

パキラ

パンヤ科

高さ：20〜180cm以上

花期：6〜7月（稀に）

明るい場所を好む

水のやりすぎに注意すればよく育ちます

黄緑で大きめの掌状複葉が個性的で人気のパキラ。定番の観葉植物です。編み込みタイプは贈り物に人気。小さい手のひらサイズから大きいものまで大きさもいろいろあり、多くのお店で扱われています。

日当たりを好むので、なるべく明るい場所で育てましょう。暗い場所だとひょろひょろと徒長してバランスが悪くなってしまいます。夏の直射日光に当たると葉焼けするので、レースのカーテンなどで遮光を。

暖かい時期の水やりは乾いたらたっぷりと。寒い時期は休眠しているので控えめに。土の中がしっかり乾いてからにします。冷たすぎる水も根が傷むので20度くらいの水を暖かい日中にあげてください。冬は水のやりすぎで根腐れしやすいのでご注意ください。

生育期はぐんぐん上に伸びます。伸びすぎて不格好になってしまったら、切り戻しましょう。切り戻し適期は5〜7月です。パキラは芽吹きがいいのでどこで切ってもだいじょうぶです。成長点のすぐ上で切るとちょうどよく新芽が出てきます。切った枝を挿し木にしても簡単につきます。

パキラが枯れた
ぐらぐらしてるね
毎日いっぱい水やってたのに
じゃばじゃば
やりすぎ
毎日やってはイカン!!
こういうのは挿し木苗だから
幹
根がそんなにしっかり張ってないんだよね
水をやりすぎると根腐れするから注意

編み込みタイプは枯れやすいので難易度高し

根元にふくらみがある
実生株（やや希少）
挿し木苗

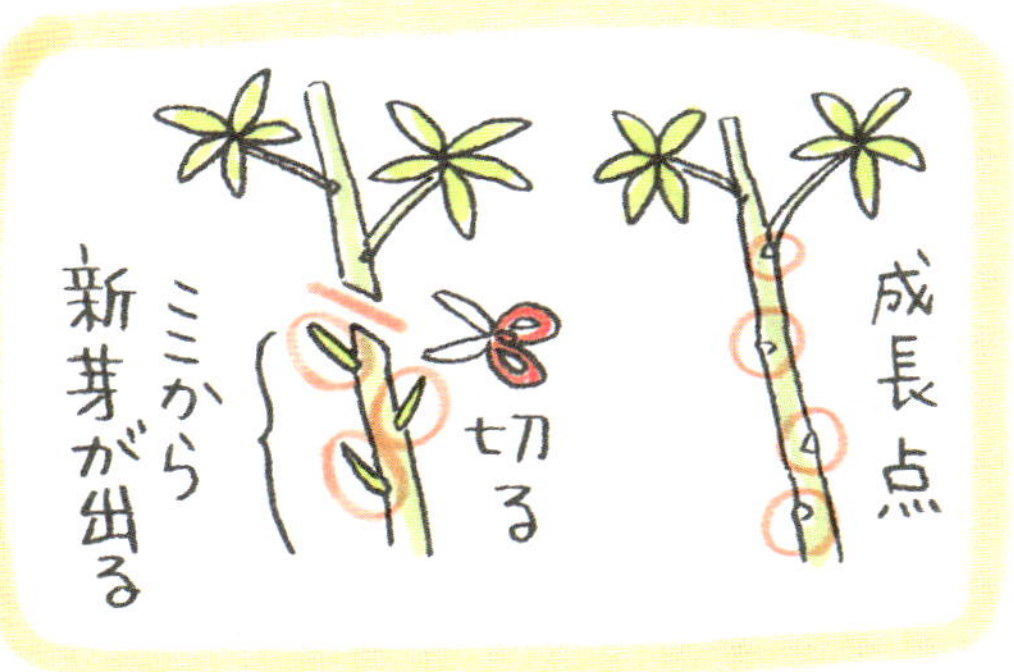
成長点
切る
ここから新芽が出る

名前

カポック

別名：シェフレラ

ウコギ科
高さ：20～80cm以上
花期：5～7月（稀に）

明るい場所を好む

生育旺盛でじょうぶ。根詰まりには注意して

カポックはとてもじょうぶなので初心者におすすめです。霜が降りなければ戸外で冬越しできます。大木に寄り添って伸びる性質なので直立せず、放置するとまとまりのない樹形になります。幼木期は幹が緑色でやわらかいですが、成長とともに木質化します。幼木期に支柱で固定して樹形を作りましょう。

小さいものから大きいものまで、周年数多く出回っています。好みに合わせて選んでください。

耐陰性もありますが、明るいところのほうが徒長せずしっかり育ちます。暗いと斑入り種は斑がきれいに出ないことがあります。

水やりは乾いたらたっぷりと。やや乾燥ぎみを好みます。土がしっかり乾いたら水やりと、メリハリをつけて潅水《かんすい》してください。

生育旺盛なので2～3年に一度は植え替えましょう。根詰まりしてくると成長が鈍くなります。植え替え適期は5～9月。芽吹きがよいので強剪定も可能です。5～7月が適期です。木が暴れてしまったら、株元で切り戻してもだいじょうぶです。挿し木で簡単に増やせます。

肥料はそれほど必要としません。春と秋の生育期に緩効性肥料または液肥で追肥しましょう。

10年ぶりにカポックの植え替えにチャレンジ
幹は木質化
クスノキが生えちゃった
わが家では邪魔なので外に出しっぱなしでした
小さくしたいなー
じょうぶだからどこを切っても平気だよ
←ゴムハンマー
ゴンゴン
抜けた
フチをたたくと抜けます
ズボッ
かたっ
根っこが太くてかたい
ギコギコギコ
ノコギリで切ってここを植える
だいぶ小さくなりました
生かす部分
ぜーぜー
こうなる前に植え替えよう
葉は減らす
8号鉢に植えました
活力剤入りの水をやります
10号
8号
待つこと3週間
あら
やった
新芽が出てる!!

名前

フィカス・ウンベラータ

クワ科
高さ：20〜180cm以上
花期：なし

明るい場所を好む

存在感のある葉が人気！ 伸びすぎたら剪定を

近年人気ナンバーワンの観葉植物です。ゴムの木の仲間ですが、ゴムの木よりも薄い質感で、ハート形の葉が特徴です。幹を曲げて仕立てたものも人気です。明るい場所が好きな植物ですが、葉が薄いため直射日光が苦手です。葉焼けしやすいので注意してください。窓際よりもやや室内寄りのほうが安心です。

成長がとても早く、1年で20センチ以上伸びます。伸びすぎたら剪定しましょう。剪定は5〜9月が適期です。強剪定するなら春、5月ごろが適期です。剪定した枝で挿し木もできます。切ると切り口から白い樹液が出るので、ティッシュや布で拭き取りましょう。かぶれやすいので、作業は手袋をして行います。寒さにやや弱いので冬はなるべく暖かい場所で育て、10度はキープしてください。

環境に合わないと、なんとか適応しようとして葉を全部落とすことがあります。幹がやわらかくなったり、ぐらぐらしていなければ木は生きているのでだいじょうぶです。そのまま新芽が出るまで、土がしっかり乾いたら水やりをして気長に待ちましょう。

ときどき葉水をあげてください。葉水は葉の表だけでなく裏側にもあげると防虫効果があります。ほこりも拭き取りましょう。

猛暑日が続いたら
リビングのウンベラータの
葉っぱが全部落ちた
キャー
でも2〜3週間で新芽が出てきて
乾いたらお水あげてたよ
すぐにフサフサに戻ったよ
ウンベラータって強いよね
冬の寒さで葉が落ちることがありますが
木が生きていれば春に芽吹きます
幹がかたければだいじょうぶ
剪定
新芽が出る
ここで切る
成長点

名前

フィカス・ロブスター

別名：ゴムの木

クワ科

高さ：20～180cm以上

花期：なし

直射日光もOK

寒さにも日差しにも強くじょうぶに育ちます

昔からある超定番のゴムの木です。じょうぶで育てやすいのが人気の理由でしょう。同じゴムの木の仲間のウンベラータに比べると寒さにも強く、直射日光でも葉焼けしません。

成長がとても早く、生育期はどんどん伸びます。根の伸びも早いので根詰まりしやすいです。鉢の下からも根っこが出てきたら植え替えどき。2～3年に一度は植え替えましょう。植え替え、剪定の適期は5～9月です。強剪定は6月ごろがおすすめです。ゴムの木の樹液はかぶれやすいので手袋をして作業してください。水やりは乾いたらたっぷりと。冬は控えめにします。

幹からたくさんの気根が出ます。放っておくと地面に伸びて根になりますが、見苦しい場合は切ってもかまいません。また気根のついた部分を挿し木するとすぐに発根します。取り木でも増やせます。

ゴムの木のように葉が大きい観葉植物は、ほこりがたまりやすく汚れが目立つのでときどき葉を拭きましょう。見た目がきれいになるだけでなく、ハダニ予防にもなります。湿らせたティッシュや布などでやさしく拭き取ります。葉の表だけでなく裏側も拭いてください。暖かい時期はシャワーで葉水をかけると簡単にきれいになります。

葉色いろいろ
フィカス・バーガンディー
黒い葉がカッコイイ
フィカス・ティネケ
ピンクの斑入り

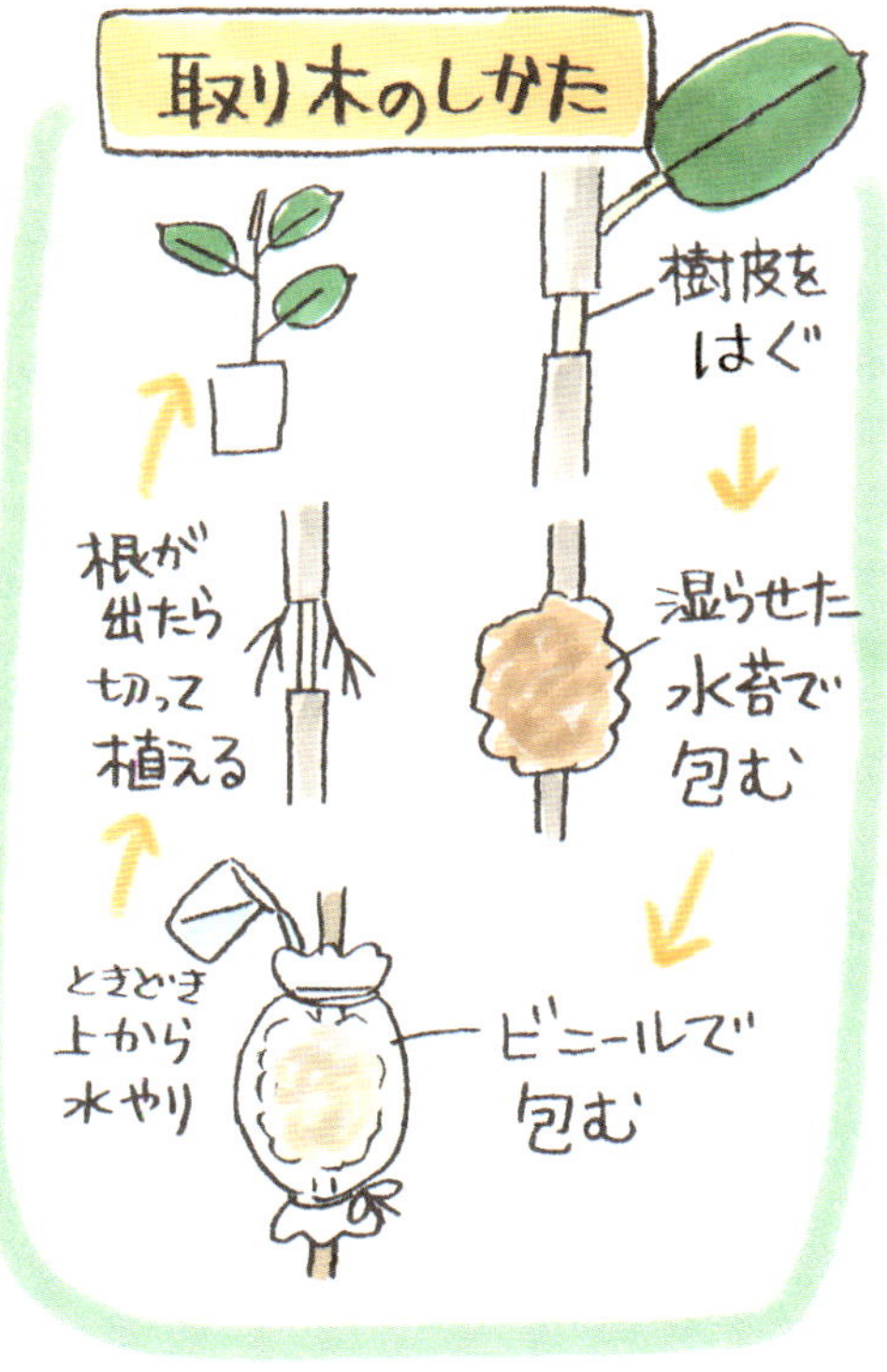
取り木のしかた
樹皮をはぐ
湿らせた水苔で包む
ビニールで包む
ときどき上から水やり
根が出たら切って植える

ゴムの木がクネクネしちゃう
ゴムの木ってほっとくとそうなるよ
まっすぐなのは支柱してるんだよ
ホントだ
ゴムの木は気根が伸びてきます
気根
気根は切っても平気だよ

名前

フィカス・リラータ

別名：カシワバゴム

クワ科

高さ：40〜180cm以上

花期：なし

明るい場所を好む

デリケートな性質なので環境変化に気をつけて

大きな波打つ葉が人気のフィカス・リラータ。カシワの葉に似ているのでカシワバゴムとも呼ばれています。都会的でおしゃれな雰囲気です。曲がり仕立ても人気です。

ゴムの木の仲間のなかでは気難しい性質で、育てるには少々コツがいります。葉を落とすことが多いのですが、おもな原因は水のやりすぎ、またはやらなすぎ、暗い、寒い、場所の移動などの環境変化です。

水は土の中まで乾いてからたっぷりとメリハリをつけてあげてください。自信がなければ水分チェッカーがおすすめです。また寒さにやや弱いので、冬は暖かい場所に置き、水のやりすぎには注意してください。

乾燥するとハダニがつきやすいので、葉の両面に葉水をあげましょう。冬の葉水は控えめに。

環境の変化を嫌うので、購入してすぐや、部屋の中で移動したときは葉が落ちやすいです。直射日光が当たらない明るい場所を見つけてください。植え替えは5〜9月が適期です。ほかのゴムの木に比べると成長速度はややゆっくりです。2〜3年に一度植え替えましょう。

フィカスの中でも葉が大きいので、部屋に置くと存在感があります。幹がユラユラして不安定なときは、支柱を立てるとしっかりします。

カシワバゴムの葉っぱが落ちちゃったよー
環境の変化が嫌いだから
買ったばかりだとおうちになじめずに落ちるかも
買ったばかりじゃないよ
あ
模様替えして動かした！
それだ!!

曲がり仕立ても人気

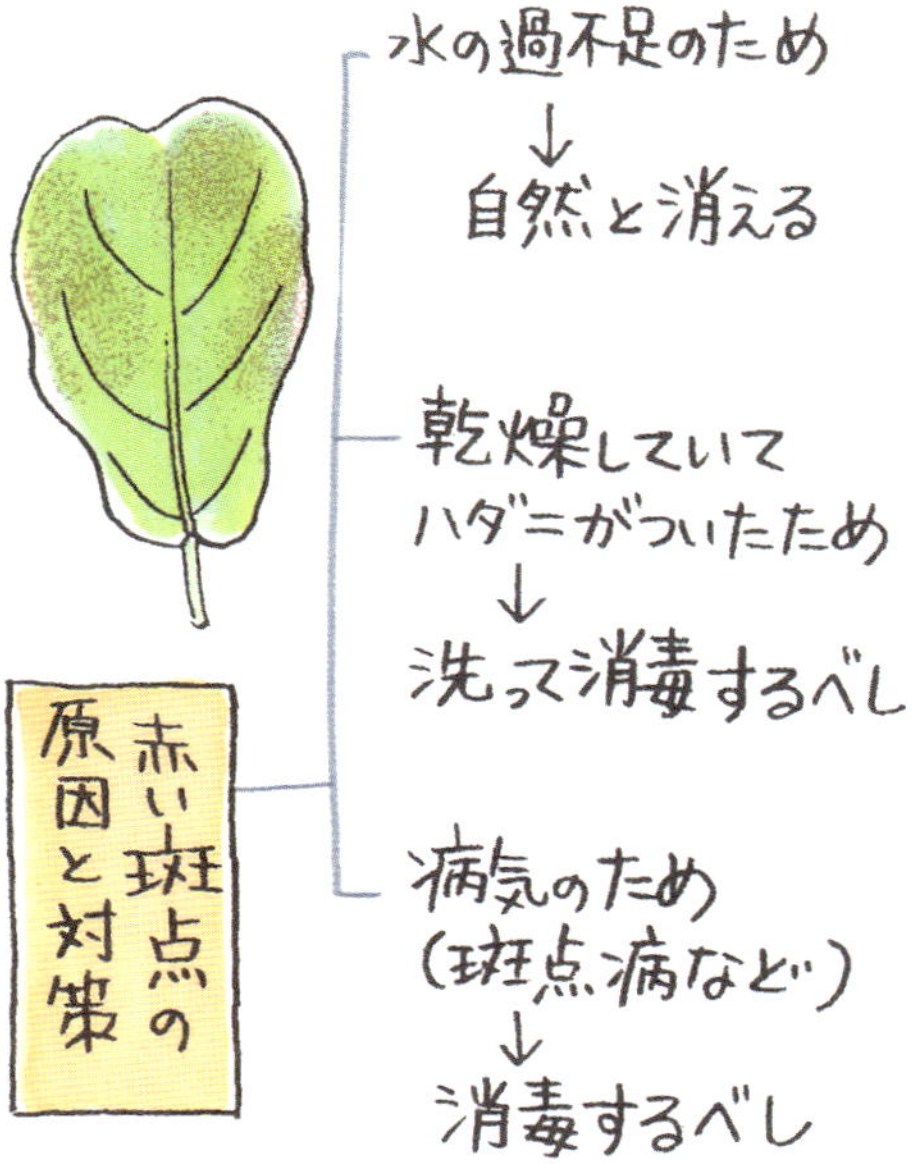
赤い斑点の原因と対策
水の過不足のため
↓
自然と消える
乾燥していてハダニがついたため
↓
洗って消毒するべし
病気のため（斑点病など）
↓
消毒するべし

名前

ガジュマル

クワ科

高さ：20～180cm以上

花期：4月（稀に）

明るい場所を好む

明るく暖かい場所でよく育ちます

ガジュマルは熱帯から亜熱帯に自生する熱帯性常緑高木です。自生地では20メートル以上の巨木になります。日本では屋久島以南から沖縄に自生しています。観葉植物ではテーブルに置けるくらいの小さめのサイズが多く出回っています。

明るい場所を好むので、なるべく明るい場所で育てます。ただし真夏の直射日光は葉焼けするので気をつけてください。暖かい時期は外に出しておくとよく成長します。水は乾いたらたっぷりと。冬は休眠期です。寒い時期に水をやりすぎると根腐れするので1～2週間に1回程度でだいじょうぶです。寒さには比較的強く5度くらいまでは耐えられますが、冬はなるべく暖かい場所で育てましょう。

幹の部分は急に大きくなりません。長い時間をかけてゆっくり育ってゆきます。幹の太さや形は購入時にじっくり選んでください。幹がぐらぐらしていないしっかりしたものを選びます。

伸びすぎた枝を剪定するなら5～9月が適期です。ガジュマルは実はゴムの木の仲間なので、切ると白い樹液が出ます。他のゴムの木と同様にかぶれやすいので、作業するときは手袋をつけてください。

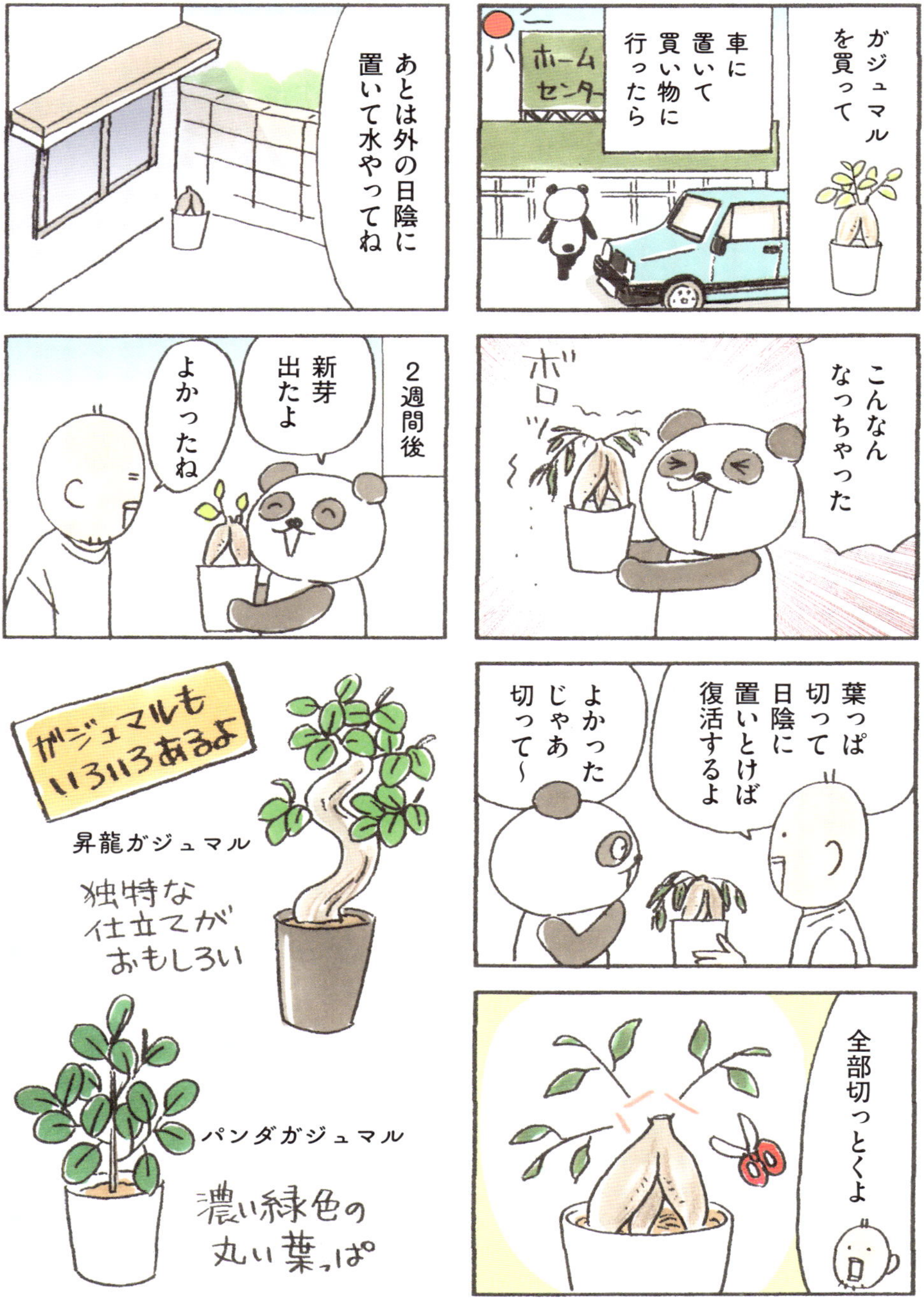

ガジュマルを買って
車に置いて買い物に行ったら
ホームセンター
こんなんなっちゃった
ボロッ
葉っぱ切って日陰に置いとけば復活するよ
よかったじゃあ切って〜
全部切っとくよ
あとは外の日陰に置いて水やってね
2週間後
新芽出たよ
よかったね
ガジュマルもいろいろあるよ
昇龍ガジュマル
独特な仕立てがおもしろい
パンダガジュマル
濃い緑色の丸い葉っぱ

名前

ベンジャミン

クワ科

高さ：20〜180cm以上

花期：5月

明るい場所を好む

葉の色や形が異なる多くの品種があります

明るい葉色がきれいな観葉植物です。幹や枝がやわらかいので、ねじり仕立ても人気です。また幹を見せつつ上の葉を丸く仕立てたスタンド仕立ても定番。テーブル置きサイズから1メートル以上の大きいものもあるので、置き場所や好みに合わせて選べます。

明るい場所を好むので、日当たりのよい場所で育てます。暗いと葉が落ちやすいです。ただし、夏の直射日光は葉焼けするので避けてください。また、乾燥しても葉が落ちるので水のやり忘れには注意します。水は乾いたらたっぷりと。冬は控えめに。寒さでも葉落ちしやすいので、冬は暖かい場所に置いてください。

乾燥に弱いので、エアコンの風が直接当たらないところに置きましょう。乾燥するとハダニがつきやすいので週に1回くらい葉水をあげてください。

生育期に緩効性の置き肥か液体肥料で追肥すると葉色がよくなり、新芽もよく出ます。根詰まりしてきたら植え替えましょう。5〜9月が適期です。幹が細いころは支柱が立ててありますが、しっかり成長してきたら外してもだいじょうぶです。

暖かい時期はどんどん新芽が出るので見ていて楽しい観葉植物です。写真は、明るい斑入りの葉がさわやかな、ベンジャミン'スターライト'。

※シャワーは春～秋の暖かい時期に

名前

ドラセナ・フレグランス・マッサンゲアナ

別名：幸福の木

キジカクシ科

高さ：20〜180cm程度

花期：10〜12月（稀に）

明るい場所を好む

寒さに弱いので冬は暖かい場所に

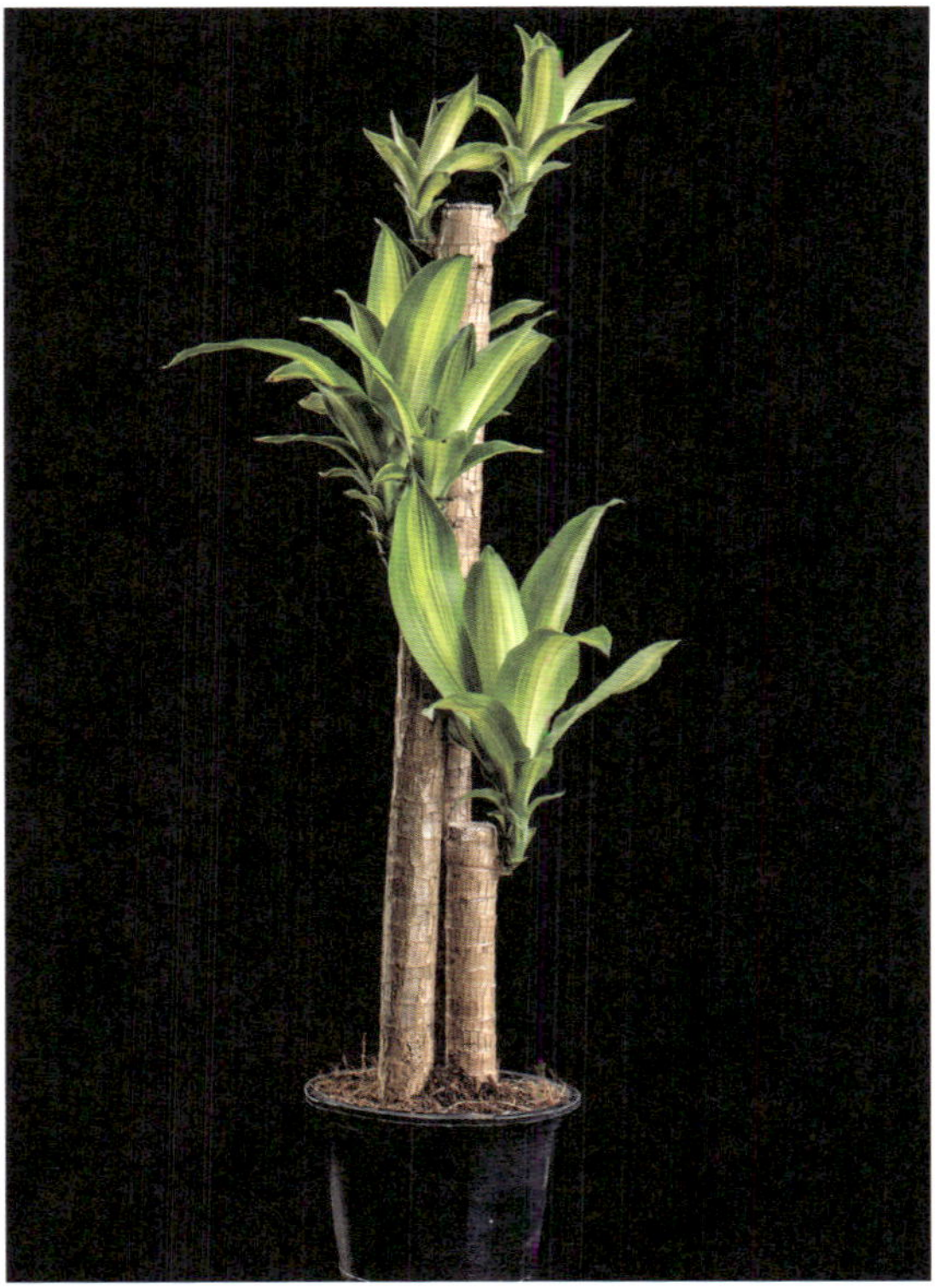

ドラセナにはたくさんの品種がありますが、もっとも代表的なものが幸福の木、正式名称はドラセナ・フレグランス・マッサンゲアナです。ハワイではハワイアン・ティーと呼ばれ、縁起のよい木だといわれています。開店祝いや引っ越し祝いなど、お祝い事の贈り物によく選ばれる観葉植物です。

幸福の木は挿し木を高温多湿のハウスで発根させて短期間で育てたものが出荷されているので根がしっかり張っていない場合が多いです。水をやりすぎると根腐れしやすいので、土の中がしっかり乾いてから水やりします。受け皿の水も根腐れの原因になるので捨ててください。冬場は休眠期なので水やりはごく控えめに。冷たい水も根が傷むので20度くらいの水をあげましょう。

寒さに弱いので10月くらいから暖かい場所に移動させます。最低でも10度はキープしましょう。窓際は夜間に冷えるので、窓から少し離して置きましょう。寒さで枯らしてしまうことが多いので注意してください。

植え替えや挿し木は6〜9月が適期です。挿し木するときは、植え替える前に挿し穂を発根剤を入れた水に2〜3時間浸して吸水させておくとよいでしょう。

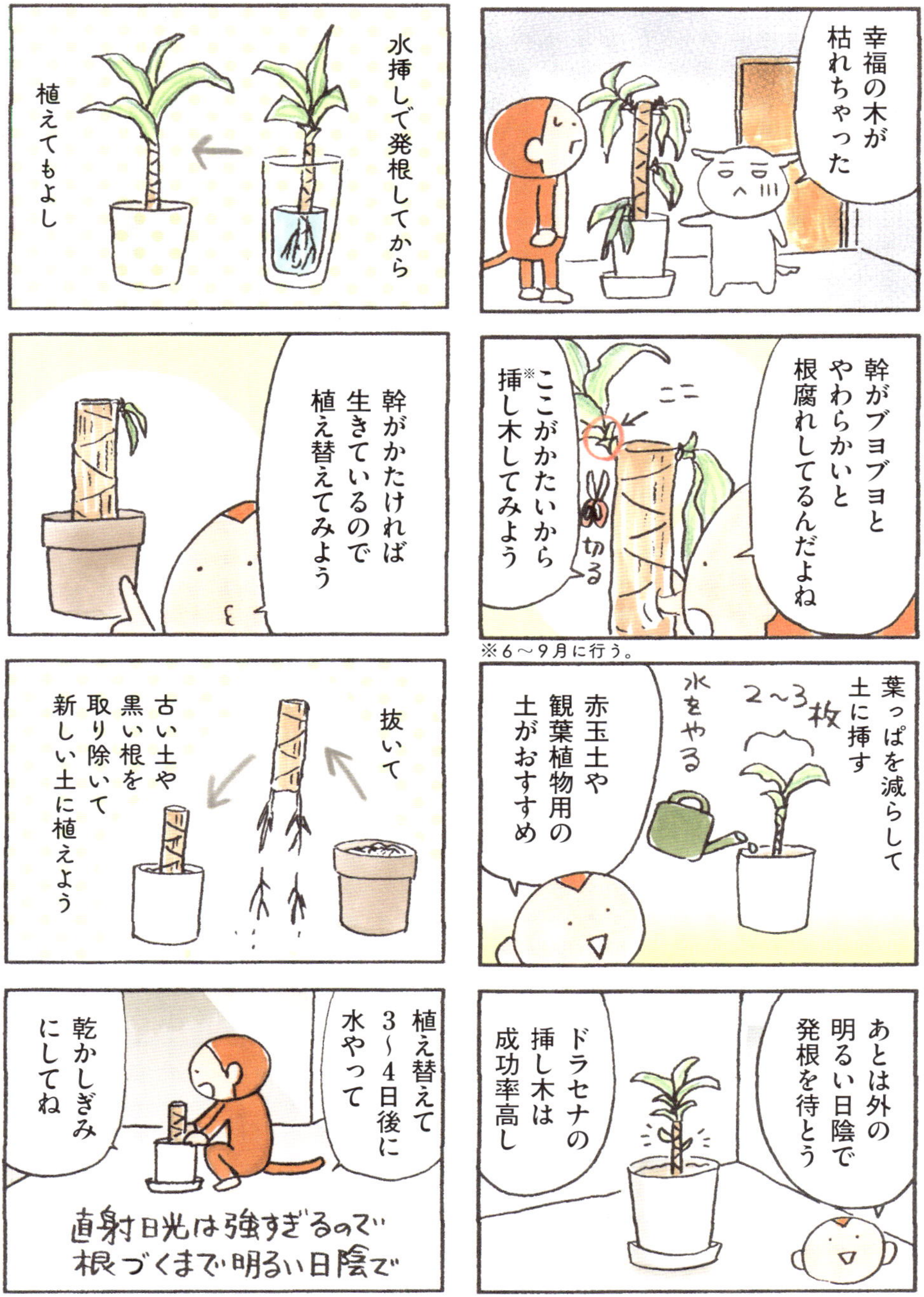
幸福の木が枯れちゃった
幹がブヨブヨとやわらかいと根腐れしてるんだよね
ここ
※ここがかたいから挿し木してみよう
切る
※6〜9月に行う。
葉っぱを減らして土に挿す
2〜3枚
水をやる
赤玉土や観葉植物用の土がおすすめ
あとは外の明るい日陰で発根を待とう
ドラセナの挿し木は成功率高し
水挿しで発根してから
植えてもよし
幹がかたければ生きているので植え替えてみよう
抜いて
古い土や黒い根を取り除いて新しい土に植えよう
植え替えて3〜4日後に水やって
乾かしぎみにしてね
直射日光は強すぎるので根づくまで明るい日陰で

名前

ドラセナ・サンデリアーナ

別名：万年竹、富貴竹

キジカクシ科

高さ：20〜180cm以上

花期：不定期

半日陰もOK

笹のような細長い葉がアジアンな雰囲気

ドラセナ・サンデリアーナは観葉植物だけでなく切り花（葉物）としてもおなじみです。万年竹、富貴竹とも呼ばれていて縁起がよい木として知られています。水耕栽培や鉢植えで売られているミリオンバンブーも、じつはこのドラセナ・サンデリアーナです。

明るい場所で育てます。ただし、真夏の直射日光は葉焼けするので半日陰または明るい日陰で育ててください。

下葉が枯れ落ちて樹姿が見苦しくなったら、切り戻すか、挿し木で新しい株を育てます。また、株が育っても根詰まりしてくると、新芽がなかなか出なかったり、出ても葉が小さかったり、葉が黄色くなったりするので、そのときは植え替えましょう。

剪定、植え替え、挿し木は6〜9月の暖かい時期に行います。水に生けていて根が出てきたら、ときどき水を替えましょう。夏は水が傷みやすいので、発根したものは鉢に植えたほうが扱いが楽になります。

水は乾いたらたっぷりと、冬は控えめにしましょう。寒さに弱いので冬は暖かい場所で育てます。春と秋の生育期に2週間に一度、液肥か緩効性肥料で追肥しましょう。ハダニ予防に週に一度葉水をあげるとよいでしょう。

花束に入ってたドラセナ・サンデリアーナ
飾ってたら根っこが出てきたよ
土に植えれば鉢植えになるよ
やってみるー
できた♪
編み込み仕立て
ミリオンバンブーもじつはサンデリアーナです
水耕栽培のミリオンバンブー
これもドラセナ・サンデリアーナ
下葉が枯れたら
切る
切った枝は挿し木にもできる

名前

ドラセナ・コンシンネ

キジカクシ科
高さ：20〜180㎝以上
花期：5月（稀に）

明るい場所を好む

こまめに葉水を与え乾燥を防いで

細長く先がツンツンととがった葉が特徴のドラセナ・コンシンネ。株立ち仕立てや幹を曲げて仕立てたものもあります。スタイリッシュな雰囲気で、和洋どちらのインテリアにも合います。存在感のある大きなものが人気です。

なるべく明るい場所で育てましょう。暗いと葉が落ちます。水の過不足、寒さなどでも落葉しやすいので注意。あちこち置き場所を変えるのも葉が落ちる原因になるので、決まった場所に置きましょう。

成長すると、ある程度葉が垂れるのは自然な姿です。葉にハリがあり、新芽が出ていればだいじょうぶです。葉に元気がなく垂れているなら、根腐れや寒さを疑ってみてください。枝が伸びすぎて下葉がなくなってしまったら切り戻して仕立て直しましょう。

5〜9月が植え替え、剪定の適期です。強剪定するなら5〜6月がおすすめです。芽吹きはいいので2〜3週間で新芽が出てきます。葉先が少し枯れてしまったらそこだけ切っておくとあまり目立ちません。

乾燥するとハダニがつきやすいので、こまめに葉水をあげましょう。

写真は緑の葉に赤紫の縁取りが入った定番品種。赤・黄・緑の'トリカラー'や全体的に赤っぽい'トリカラーレインボー'もあります。

ハダニ予防

①こまめに葉水をあげる
②風通しのよい場所に置く
③葉のほこりは拭き取る

名前

モンステラ

サトイモ科
高さ：20〜180cm程度
花期：5〜9月

明るい場所を好む

小さめの鉢に植えて根腐れを予防

切れ込みの入った大きな葉としだれる気根が南国ムード満点。人気の観葉植物です。葉の大きい大型種のデリシオーサとやや小ぶりで半つる性のアダンソニー（ヒメモンステラ）が多く出回っています。

モンステラは茎を伸ばして他の植物に寄りかかって育つので、まっすぐには伸びません。支柱やヘゴ仕立てで固定して形を整えます。気根は切ってもよいですが、土に挿すと発根してしっかり本体を支えてくれます。幼苗の葉はハート形ですが、成長するにしたがって切れ込みが入ってきます。

耐陰性があるものの、日照量が少ないとヒョロヒョロに徒長します。徒長したら切り戻して仕立て直しするしかありません。剪定適期は5〜9月ですが、強剪定は6月までにしてください。切った茎は、根伏せや挿し木で簡単に増やせます。

大きい鉢に植えると根腐れしやすいので、ジャストサイズまたはやや小さめの鉢が安心です。生育期に新芽が出ない、元気がないというときは根腐れの可能性があるので、植え替えて根を確認したり、切り戻して挿し木にして株を更新したりしてみてください。

水は乾いたらたっぷりとやります。ときどき葉水をあげましょう。

このモンステラ伸びちゃって葉っぱが小さいし
これヒメモンステラだよ
姫？
ヒメモンステラは半つる性でやや小ぶりなんだよ
えー大きくならないの？
買うときにちゃんと確認すべし

デリシオーサ
いわゆる大きくなるモンステラ
アダンソニー
（ヒメモンステラ）
小ぶりで半つる性なので支柱で固定するとよい
根伏せ
土の上に茎を置いて発根させる
芽が出る
節
少し埋めるとよい
サトイモ科の樹液はかぶれやすいので手袋を

名前

セローム

葉が大きいので、週に1回程度ハダニ予防に葉のほこりを拭き取りましょう。茎も太いとほこりがたまりやすいので、ついでに拭いておきます。

別名：ヒトデカズラ

サトイモ科

高さ：20〜180cm以上

花期：6〜10月

明るい場所を好む

ギザギザの葉と垂れ下がる気根が個性的

サトイモ科フィロデンドロン属には多くの品種がありますが、中でもセロームは昔から人気の観葉植物です。和名はヒトデカズラ。大きくて深い切れ込みの入った葉と気根がしだれる姿がカッコイイです。

広がりやすい樹形なので、支柱で固定するとコンパクトに育てられます。気根は切ってもかまいませんが土に埋めると根づきます。

耐陰性はあるものの、暗いと徒長するので明るい場所で育てます。できれば6月ごろに外の半日陰に出して、葉を1〜2枚残して残りは全部切っておきましょう。夏の間外に出しておくと、新芽がきれいに生えそろいます。サトイモ科の樹液はかぶれやすいので手袋をして作業してください。

生育期に液体肥料または緩効性の置き肥で追肥します。比較的寒さに強いですが寒くなってくると葉が黄変して枯れてくることがあります。枯れた葉は切って暖かい場所で冬越しすると春に新芽が出てきます。

冬の水やりは控えめに。土がしっかり乾いてから与えます。ときどき葉水をあげると防虫になります。

セロームの古い葉っぱが枯れてきたら
葉っぱから涙が出てるよ
このへんで切って
サトイモ科は吸水力が強くて蒸散が追いつかないと葉っぱから水を出すんだよ
気にしなくていいよ
へー
そのままにしておくとシワシワになって
手で簡単に取れます
東京だと外で巨大化してるのもよく見かけます

名前

クッカバラ

サトイモ科

高さ：20〜50cm程度

花期：8〜9月

明るい場所を好む

傷んだ葉はハサミで茎の根元から切ります。幹に残った茎はセロームと同様、時間がたつとポロリと取れます。無理にはがすと幹が傷んでしまいます。

コンパクトにしたければ明るい場所に置いて

　クッカバラはセロームと同じ、サトイモ科フィロデンドロン属の仲間です。セロームとよく似ていますが、葉も樹形もひとまわり小さめ。セロームより葉が厚くて濃い緑をしています。通常のタイプのほか、根が見えるように浅く植えた根上がり仕立ても人気。

　買ったばかりは葉が上を向いてコンパクトにまとまっていたのに、だんだん広がってしまうことがあります。いくつか理由が考えられますが、まずは日照不足を疑ってください。耐陰性はあるものの、もともとは明るい場所を好む植物です。葉がだらんと広がってしまったら、まずは直射日光を避けて明るい場所に移動してみてください。

　比較的成長が早いので、根詰まりしてくると新芽が出にくくなります。葉数が減った、勢いがない、水の吸い込みが悪いという場合は、ひとまわり大きな鉢に植え替えましょう。作業時は手袋を忘れずに。植え替え適期は5〜9月です。

　生育期に追肥するとぐんぐん育ちます。水は乾いたらたっぷりと。冬は控えめに。ときどき葉水をあげましょう。

セロームって
広がって
邪魔かも
じゃあ
クッカバラは
どうよ？
セロームに
似てるけど
葉っぱが小さいね
数年後
葉っぱは
小さいけど
広がるじゃん
暗いんだよ～

葉っぱの違い

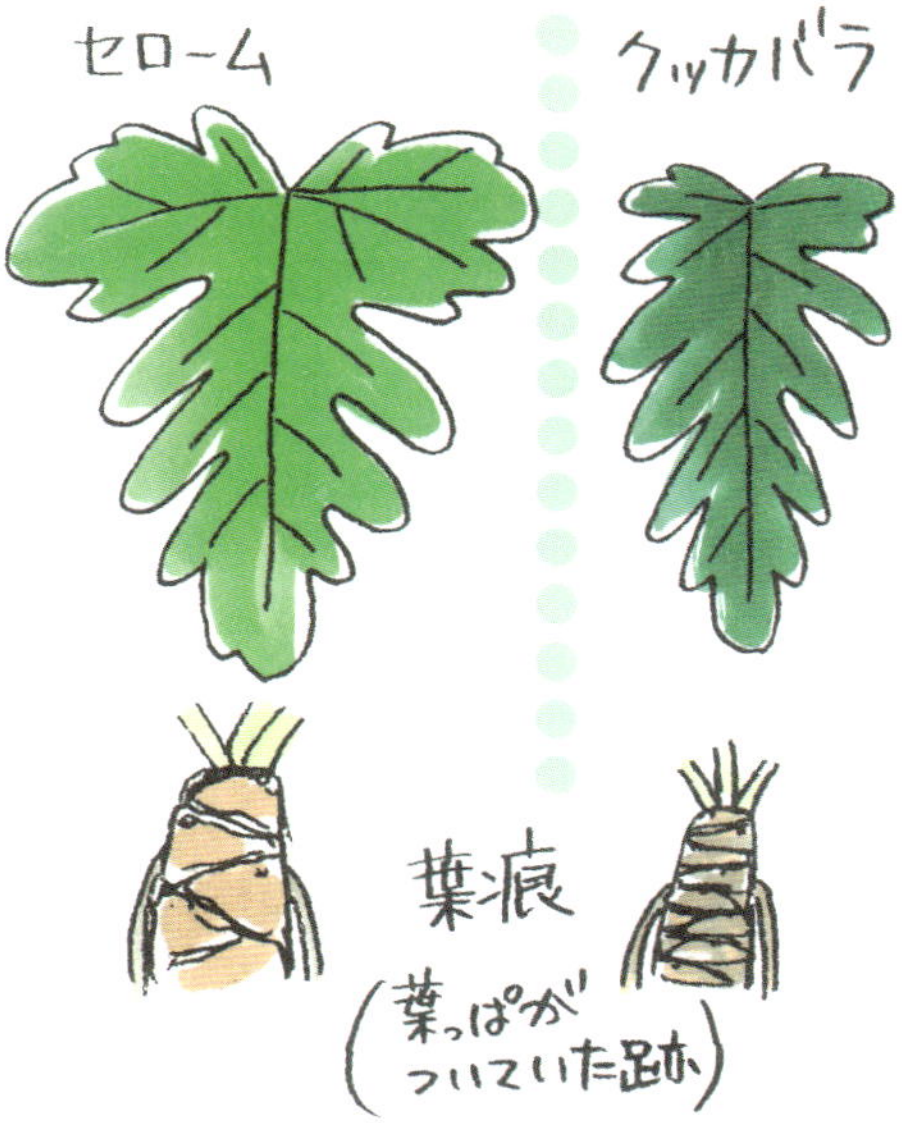
セローム
クッカバラ
葉痕
（葉っぱが
ついていた跡）

根上がり仕立て
（ちょっとお高いです）
おしゃれー
カッコイイ

名前

コーヒーノキ

アカネ科
高さ：20〜180cm以上
花期：5〜6月（稀に）

直射日光もOK

日当たりと寒さ対策が成功のカギ

ツヤツヤと光沢のある濃い緑の葉が美しいコーヒーノキ。観葉植物として流通しているのはアラビカ種です。実がなるには木が大きくなる必要があり、5年以上かかるといわれます。

日本のほとんどの地域は、コーヒーの生産地に比べると冬が寒く、生育環境が異なるので、実はあまり期待せず、きれいな葉を楽しみましょう。

コーヒーノキを育てるのに大事なのは日当たりと寒さ対策です。日当たりを好む植物です。なるべく明るい場所で育てましょう。暗いとヒョロヒョロと徒長してしまいます。

寒さに弱いので冬は水やりを控え、なるべく暖かい場所で管理します。防寒用のビニールや小型の温室を使ってもよいでしょう。ふつうのビニールをかぶせるなら、空気穴を開けてください。寒さに当たると一気に枯れてしまうのでくれぐれも気をつけましょう。

ミニ観葉のような幼苗は、とくに寒さに弱いので注意が必要です。ある程度成長してしっかりしている5号鉢以上のものがおすすめです。

生育期に液体肥料か緩効性の置き肥で追肥するとよく育ちます。

成長すると大きくなるので定期的に剪定を。剪定適期は4〜6月です。

コーヒーノキって実がなるの？
大きくなったらなるみたい
寒さに弱いから気をつけてね
コーヒーノキって実がなるの？
寒さに弱いから気をつけて
コーヒーノキって実がなるの？
寒さに弱いから気をつけて
枯れちゃったよ
だから言ったじゃん

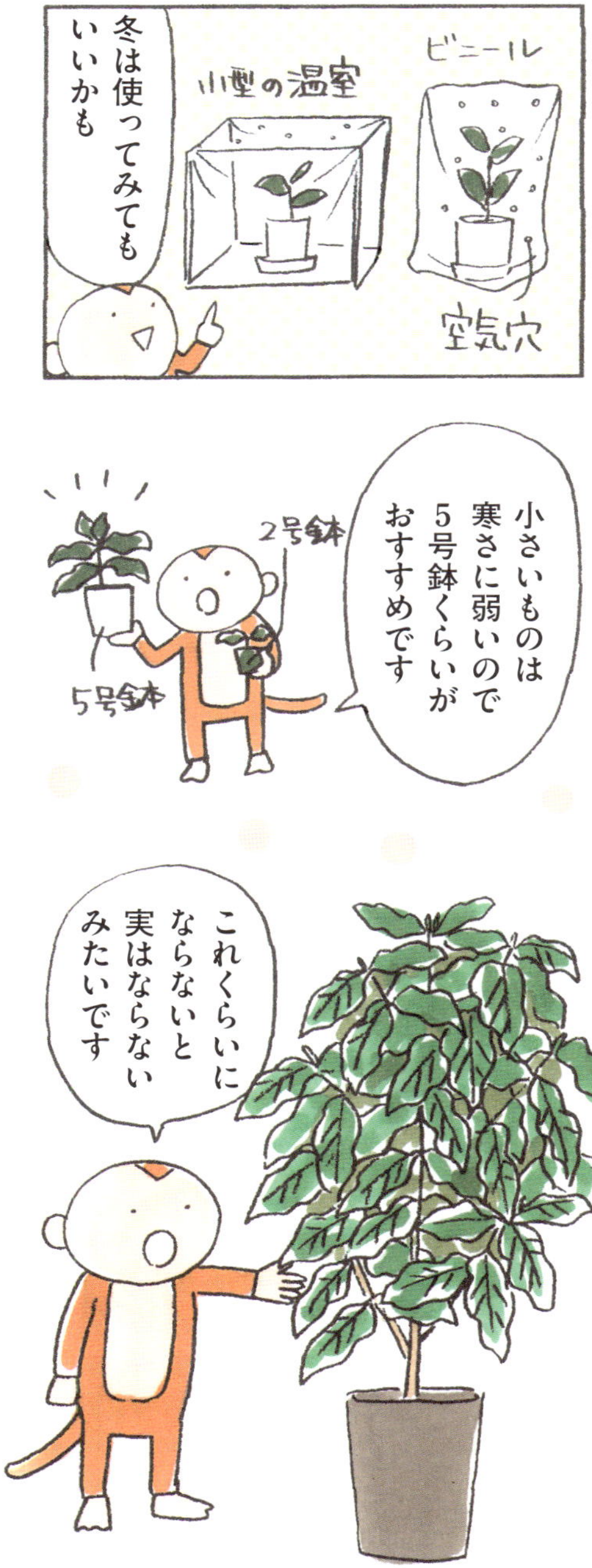
ビニール
小型の温室
空気穴
冬は使ってみてもいいかも
小さいものは寒さに弱いので5号鉢くらいがおすすめです
2号鉢
5号鉢
これくらいにならないと実はならないみたいです

名前

ディフェンバキア

サトイモ科

高さ：20〜180cm以上

花期：不定期

明るい場所を好む

斑入りの葉が印象的。品種も大小さまざま

明るい斑の入った葉がさわやかな印象のディフェンバキアは、商業施設の植栽などにも人気です。小型の株立ち種のカミーラ、大型種のリフレクターなど多くの品種があります。

ディフェンバキアはややデリケートなので育てるうえで注意点がいくつかあります。まず、寒さには弱いので、10月ごろから冬に備えて水やりを減らしていき、暖かい時間帯にあげるようにします。冬はなるべく暖かい場所で育てましょう。夜間に冷え込む場合はビニールや防寒材で対策してください。発泡スチロールの箱に入れるのも効果的です。

　また、乾燥すると下葉が枯れやすいので冷暖房の風が直接当たらない場所に置いてください。乾燥するときは葉水をあげましょう。ただし、冬の葉水は暖かい時間帯にあげてください。下葉は、水のやりすぎ、寒さなどでも枯れやすいです。

　伸びてきて下葉が落ちて見苦しくなったら切り戻して更新します。5〜6月が適期です。サトイモ科はかぶれやすいので作業するときは手袋をしましょう。

　明るい場所を好みますが直射日光には弱いので、葉焼けしない明るい場所で育ててください。春と秋の生育期に液体肥料または緩効性の置き肥で追肥しましょう。

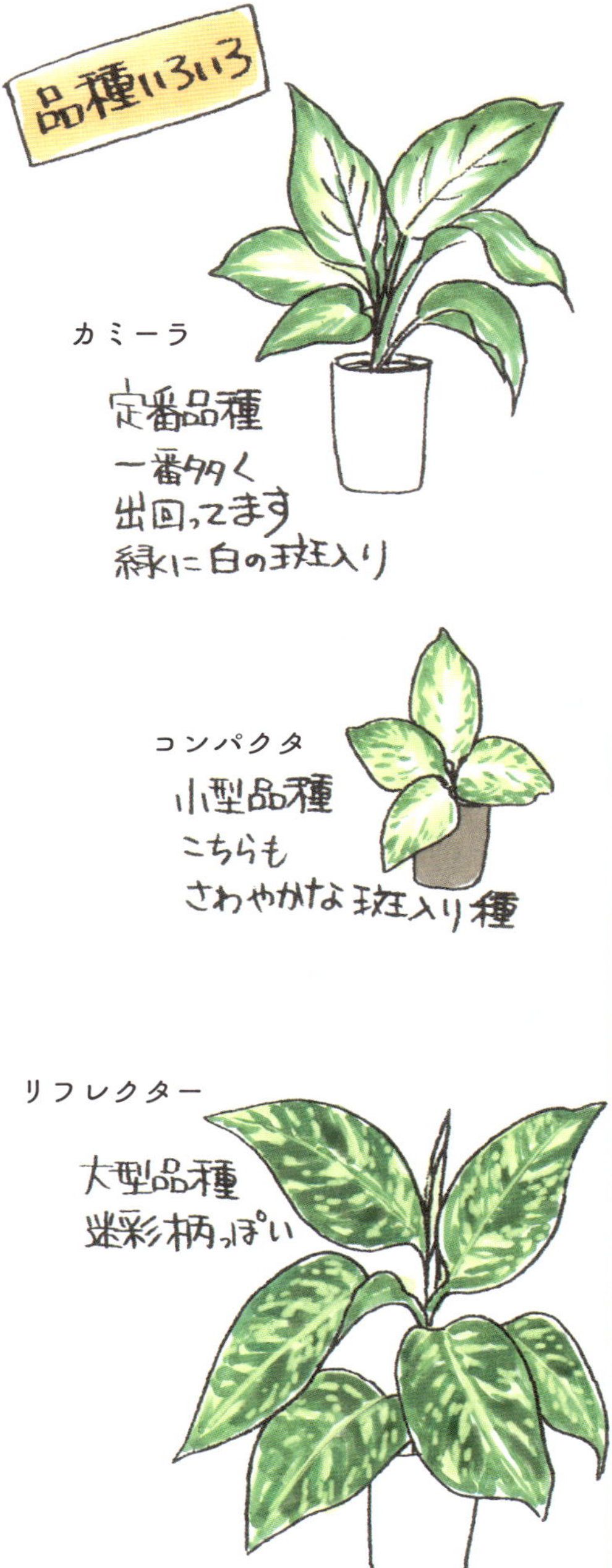
品種いろいろ
カミーラ
定番品種
一番多く
出回ってます
緑に白の斑入り
コンパクタ
小型品種
こちらも
さわやかな斑入り種
リフレクター
大型品種
迷彩柄っぽい

ディフェンバキア最初こうだったのに
いつの間にか下葉が枯れてこんなんなっちゃった
なんで?
でろーん
水の過不足か暗いのか…
ディフェンバキアにありがちだよねー
どうすりゃいいの?
切る
挿し木
切り戻して更新だね

名前

ヒポエステス

キツネノマゴ科
高さ：20〜30cm程度
花期：5〜6月

明るい場所を好む

ピンク、赤、白など斑入りの葉が楽しい

ヒポエステスはカラフルな斑入りの葉が個性的。マダガスカル原産の常緑樹で自生地では1メートル以上になります。日当たりがよいほど斑が鮮やかに出ます。戸外の花壇や寄せ植えのカラーリーフとして利用されることもあります。寒さに弱いので、外に植える場合は一年草扱いです。初夏に小さい花が咲きます。

2〜3号鉢くらいの小さめの苗が多く流通しています。成長が早いので小さい苗でもすぐに大きくなります。冬に水やりを控えぎみにしておけば根腐れの心配もありません。

日当たりを好むので年間を通して明るい場所で育てましょう。ただし夏の直射日光は葉焼けしたり、葉が丸まったりするので避けてください。水は乾いたらたっぷりと。冷暖房の風で乾燥するときは葉水をあげてください。

数年育てていると幹が木質化してきます。株が古くなると新芽が少なくなってくるので、挿し木で更新するのもよいでしょう。挿し穂を水挿ししておくと、すぐに発根します。それから土に植えるとすぐに育ってきます。

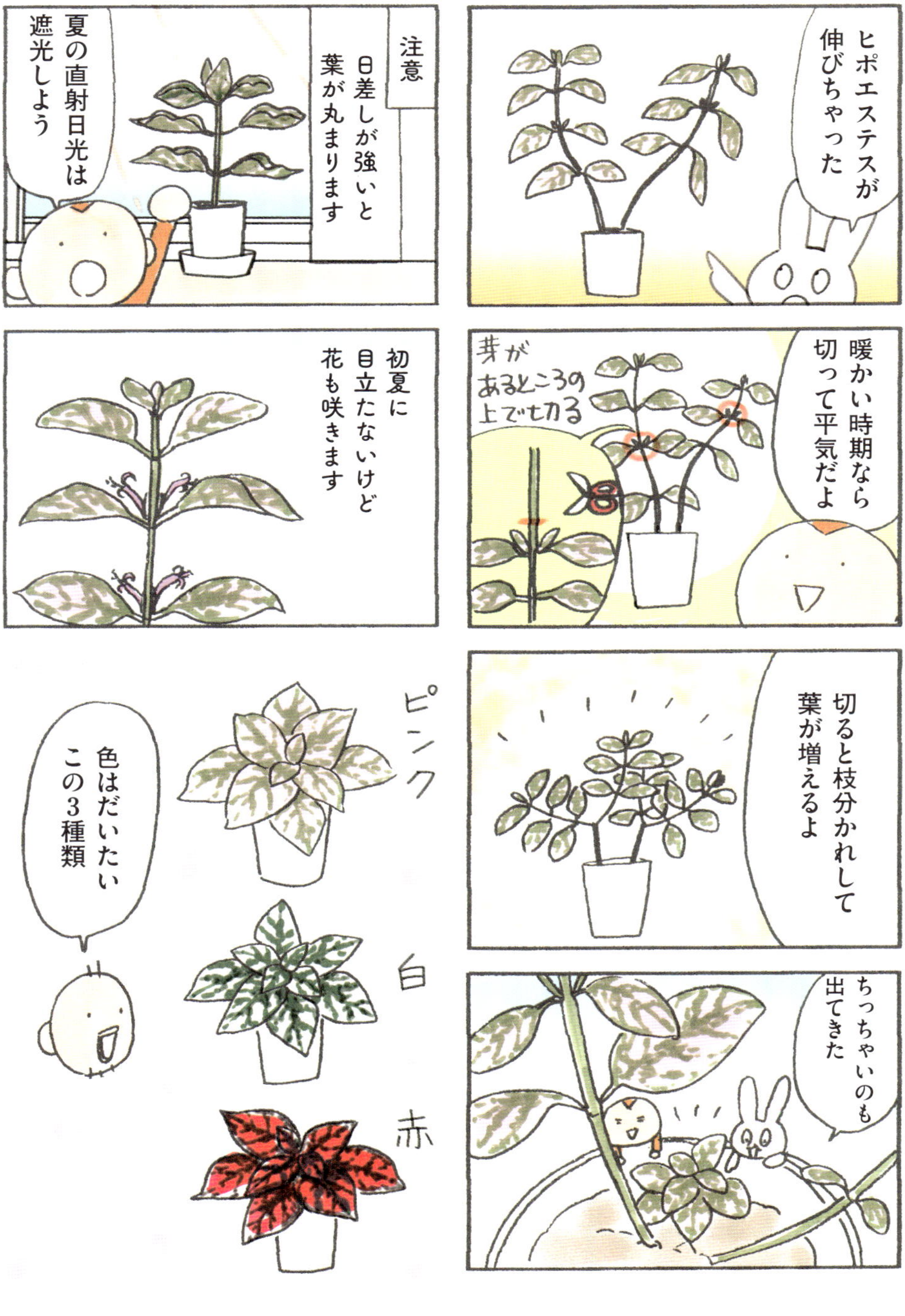
ヒポエステスが伸びちゃった
注意
日差しが強いと葉が丸まります
夏の直射日光は遮光しよう
暖かい時期なら切って平気だよ
芽があるところの上で切る
初夏に目立たないけど花も咲きます
切ると枝分かれして葉が増えるよ
ちっちゃいのも出てきた
ピンク
白
赤
色はだいたいこの3種類

名前

クロトン

別名：ヘンヨウボク

トウダイグサ科

高さ：20〜150cm程度

花期：7〜8月

明るい場所を好む

葉色が薄い、きれいな色にならない、というときは、たいてい日照不足です。真夏の直射日光は避け、なるべく明るい場所で育てましょう。

じょうぶそうに見えても寒さには要注意！

鮮やかでカラフルな葉色がトロピカルな印象のクロトン。熱帯地域では街路樹や庭木として植えられています。和名はヘンヨウボクといい、多くの変種、品種があります。葉の形も、広葉、ほこ葉、細葉、らせん葉など多様です。

クロトンの育て方のポイントは、ズバリ寒さ対策です。寒さに弱いので最低気温が15度を切るようになったら暖かい場所に移動し、水やりを減らして冬に備えましょう。寒さに当たると一気に枯れこんで再生しないことが多いのでくれぐれも注意してください。

寒さで下葉が落ちることもよくあります。夜間に部屋の温度が10度を下回るようなら、鉢を発泡スチロールの箱に入れたり、ビニールをかぶせたりと、工夫してみてください。

また日当たりを好むので年間を通して日当たりのよい場所で育てましょう。生育旺盛なので2年に一度は植え替えを。5〜7月が適期です。切ると出る白い樹液はかぶれるので作業時は手袋をしてください。

水は乾いたらたっぷりと。水切れにも注意しましょう。

品種いろいろ

エクセレント

ほこ葉
カラフルで
カッコイイ

アケボノ

広葉
日本で生まれた
品種です

リュウセイ

細葉
グリーンに黄色の
斑入り

キラセン
（キンセンコウ）

らせん葉
くるくるした葉が
個性的

名前

エバーフレッシュ

マメ科

高さ：20～180cm以上

花期：4～9月

明るい場所を好む

成長が早いので置き場所をよく考えて

細い葉が涼しげでさわやかな印象のエバーフレッシュは、近年人気上昇中。夜になると葉が閉じるネムノキの仲間です。4～9月に黄色いポワポワした花が咲きます。マメ科の植物は葉の水分の蒸発を防ぐため、夜になると葉を閉じます。触ると葉が閉じるオジギソウもマメ科の仲間です。

エバーフレッシュはやや繊細で気難しいので、日当たり、水やり、風通しなど、こまやかな気遣いが必要です。

日光を好むため、なるべく日当たりのよい場所で育てましょう。暗いと徒長したり葉が落ちたりします。

比較的水を好むので、土が乾いたらたっぷりと水やりをします。乾燥すると葉を落としたり、カイガラムシやハダニがつきやすくなったりします。毎日葉水をあげてください。ほこりがたまりやすいので、ときどきぬらしたティッシュや布で拭き取りましょう。冬の水やりは控えめに。土の表面が乾いてから、さらに2～3日後に水やりしましょう。

成長スピードが速いので植え替えるとどんどん大きくなります。伸びた幹がグラグラするときは支柱で支えます。比較的枝が広がって伸びるので、適宜剪定して樹形を整えてください。植え替え、剪定適期は5～9月です。

新芽は
茶色っぽい
だんだん
緑色になる
春から夏に
花が咲く
黄色い
ポワポワ
ネムノキは
ピンク
曲がり
仕立ても
あります

あっこれ触ると
閉じるやつ
あれ
閉じない
それはエバーフレッシュ
だから閉じないよ
触って
閉じるのは
オジギソウ
なーんだ
でもエバーフレッシュは
夜に葉が閉じます
ぐー
ぐー

名前

ネフロレピス

ツルシダ科

高さ：20〜50cm程度

花期：なし

半日陰もOK

日当たりの悪い部屋でも育てやすいシダ植物

シダ系の観葉植物では一番ポピュラーなネフロレピス。シダ独特のしだれる長い葉が魅力的です。シダ植物は種類によって特徴が異なりますが、ネフロレピスは寒さに弱いので、冬の置き場所に気をつけましょう。

直射日光の当たらない明るい場所で育てます。水を好むので成長期は乾いたらたっぷりと水をあげてください。こまめに葉水をあげましょう。冬は水やり、葉水どちらも控えめで。

生育期間中は2週間に一度液肥で追肥すると新芽やランナーがよく出ます。ネフロレピスはランナーを伸ばして子株を増やしていきます。ランナーを切って水挿ししておくとすぐに発根して新芽も出ます。それを鉢植えにすると簡単に増やせます。シダは成長がやや早く新陳代謝が活発です。新芽が出る分、古い葉は枯れてゆきます。

また、シダは茎に生えている毛がパラパラ落ちたり、枯れた葉が散ったりするのでこまめなお手入れが必要です。根詰まりすると葉先が枯れてくるので1〜2年に一度は植え替えもしたいところです。植え替え適期は5〜9月です。

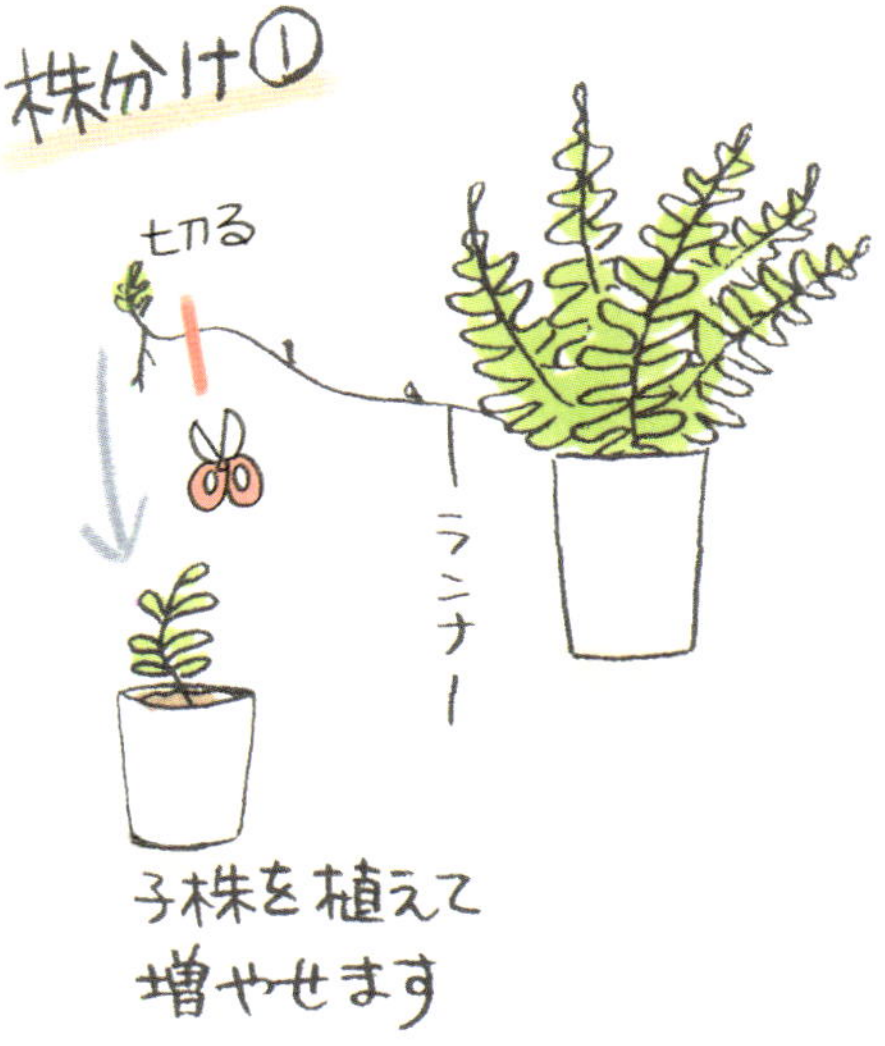
株分け①
切る
ランナー
子株を植えて
増やせます

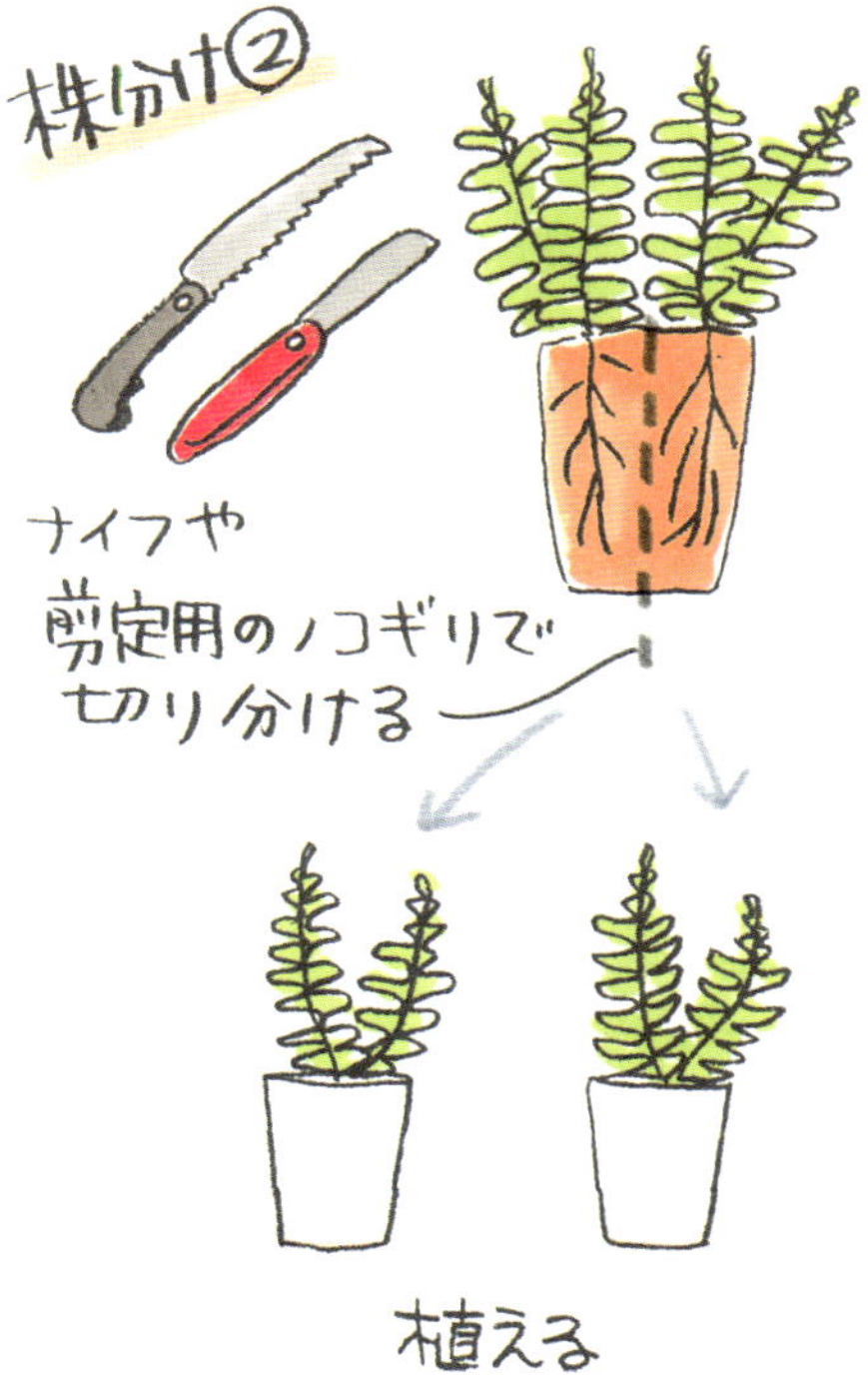
株分け②
ナイフや
剪定用のノコギリで
切り分ける
植える

20年以上前
ネフロレピスを
買いました
花福
お客だったころ
かわい〜
枯れた！
冬の寒さで
枯れてしまいました
20年前って
寒かったよね
最近の冬は
暖かいよなー

名前

フレボディウム・オーレウム 'ブルースター'

ウラボシ科
高さ：20～50cm程度
花期：なし

明るい場所を好む

鉢からはみ出してくる根茎も見どころ！

青みがかった葉がクールでオシャレな熱帯アメリカ原産のシダ植物です。ケバケバした根茎もカッコイイです。根茎は通常地中に伸びる茎で、ここから葉が生えます。ブルースターは土に根を下ろさず、他の植物や岩などに根を伸ばして生きる着生植物です。着生植物はシダやランに多く見られます。かならずしも土を必要としないのでヘゴ材や板付けでも楽しめます。ハンギングもおすすめです。

シダは暗いところが好きと思われがちですが、どちらかというと明るい場所を好みます。直射日光は避け、なるべく明るいところで育てましょう。暗いと葉が枯れたり、葉色が悪くなったりします。

ブルースターは比較的寒さに強く5度まで耐えられます。冬の水やりは控えめにしますが、それ以外はあまり気を使わなくていいので育てやすいです。生育期は乾いたらたっぷりと水やりして、葉水もこまめに与えます。葉だけでなく根茎にも霧吹きしましょう。成長が早いので1～2年ごとに植え替えましょう。植え替えないと根茎ががっちり根を張って鉢から抜くのに苦労します。

幼苗の葉は細長いですが、株が成長するにしたがって大きく切れ込みの入った葉が生えてきます。暖かい時期は、新芽もどんどん出てきます。

フレボディウム・オーレウム
'ブルースター'
売れ残ったので植えてみた
数年後
すっかり大きくなったよ 成長早し!!
毛が生えた根茎がカッコイイ
これは茎なのよ
さらに数年後
あっという間に根茎がいっぱいに
こうなったら株分けか植え替えします
みちみち
根茎
はみ出してくるよ
根茎が広がるので口が広めの鉢がおすすめ
○
△
葉が傷んだら全部切っても
暖かい時期は新芽がどんどん出ます
ワラビみたいでかわいい新芽
葉の裏に胞子のうがあります
和名は「ダイオウウラボシ」

名前

レックス・ベゴニア

シュウカイドウ科

高さ：20〜50cm程度

花期：品種により異なる

明るい場所を好む

葉の質感、模様、色が個性的な品種多数

ベゴニアにはさまざまな種類があります。レックス・ベゴニアは葉色を楽しむベゴニアの総称です。たくさんの品種があり、葉がメタリックな質感のものや、蛍光色など、ビックリするようなものも。小さな花が咲くものもあります。

直射日光を避けて明るい場所で育てます。暑さにも寒さにも弱いので、夏は涼しい場所、冬は暖かい場所で育ててください。

水やりは乾いたらたっぷりと、冬は控えめにするのが基本です。空気中の湿度が高いのを好みますが、土中の過湿は根腐れの原因になるので、様子をみながら水やりの頻度や量を調節してください。

冷暖房で空気が乾燥するときは葉水を与えてください。水切れするとすぐにぐったりしますが、水をあげると復活します。

ややまとまりのない樹形になるので、好みで剪定したり、支柱で誘導したりしてください。茎が折れやすいので作業の際はやさしく取り扱いましょう。折れた枝は挿し木にできます。葉挿しでも簡単に増やせます。挿し木や葉挿し、植え替えは春と秋が適期です。

品種いろいろ

アイアンクロス

ケバケバしている

エスカルゴ

おもしろい
立体的
うずまき

インカフレーム

日当たりによって
発色が変わる

タイガー

個性的な柄

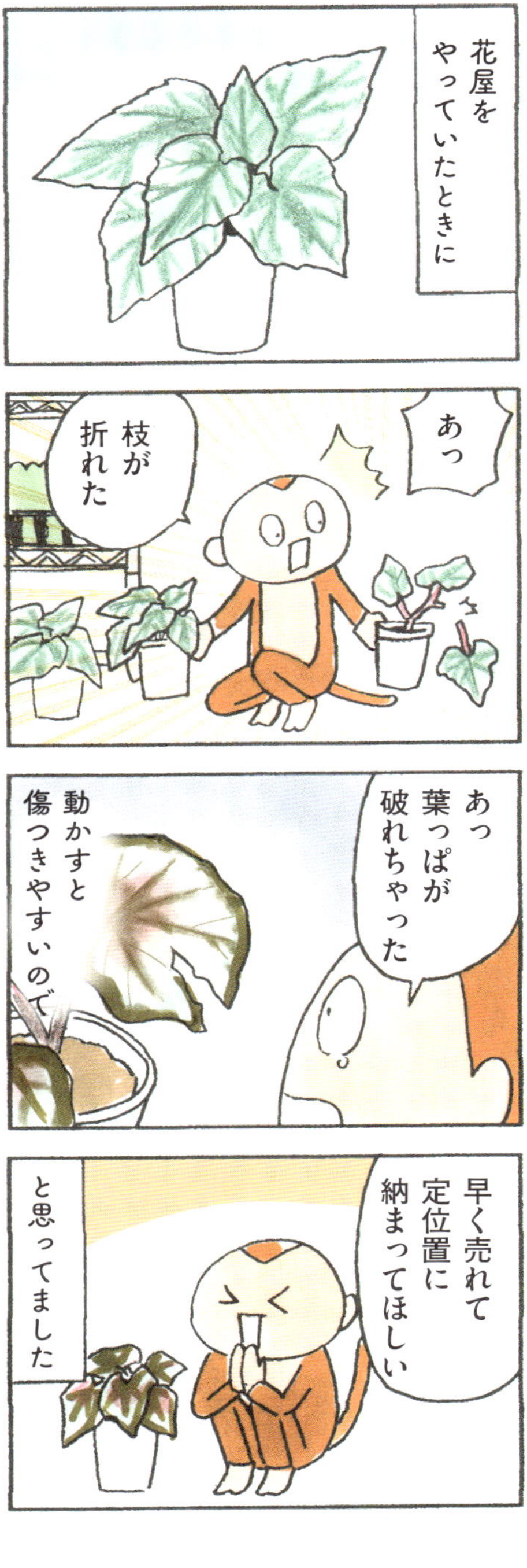

名前

カラジウム

サトイモ科

高さ：20〜30cm程度

花期：5〜8月

明るい場所を好む

基本は一年草だが冬越しも可能

ハート形で涼しげな葉のカラジウムは夏に多く出回ります。室内置きの観葉植物としてだけでなく、花壇植えや寄せ植えのカラーリーフとしても使われます。寒さに弱く日本では冬越しが難しいので通常は一年草扱いで売られています。

直射日光を避けてなるべく明るい場所で育てます。暗いと葉色が悪くなりやすいです。水は乾いたらたっぷりと、葉水もこまめに与えましょう。生育期間中は液肥または緩効性の置き肥で追肥します。

涼しくなってくると成長が止まり、葉が枯れてきます。冬越しに挑戦するなら水やりを減らして休眠期に備えます。葉が枯れたら切り取って水やりをやめて休眠させます。春まで水やりをやめて10度以上の暖かい場所に置きます。

または、葉が枯れたら球根を掘り上げ乾燥させて暖かい場所で保存します。5月に球根を植えつけて水やりを再開します。触るとかぶれやすいので、作業する際は手袋をつけてください。

新芽より先に花芽が上がってくるとエネルギーを取られてしまうので、葉を出すために切り取ってください。夏に花が咲いてきたときも、見つけたら早めに切り取ります。

冬越し
葉が枯れたら切り取って水やりをやめる
球根を掘り上げて冬越し
そのまま冬越し
5月に植えつけ
2〜3cm
5月に水やり再開

葉はふくらみがない
花芽が先に出ちゃったら切る

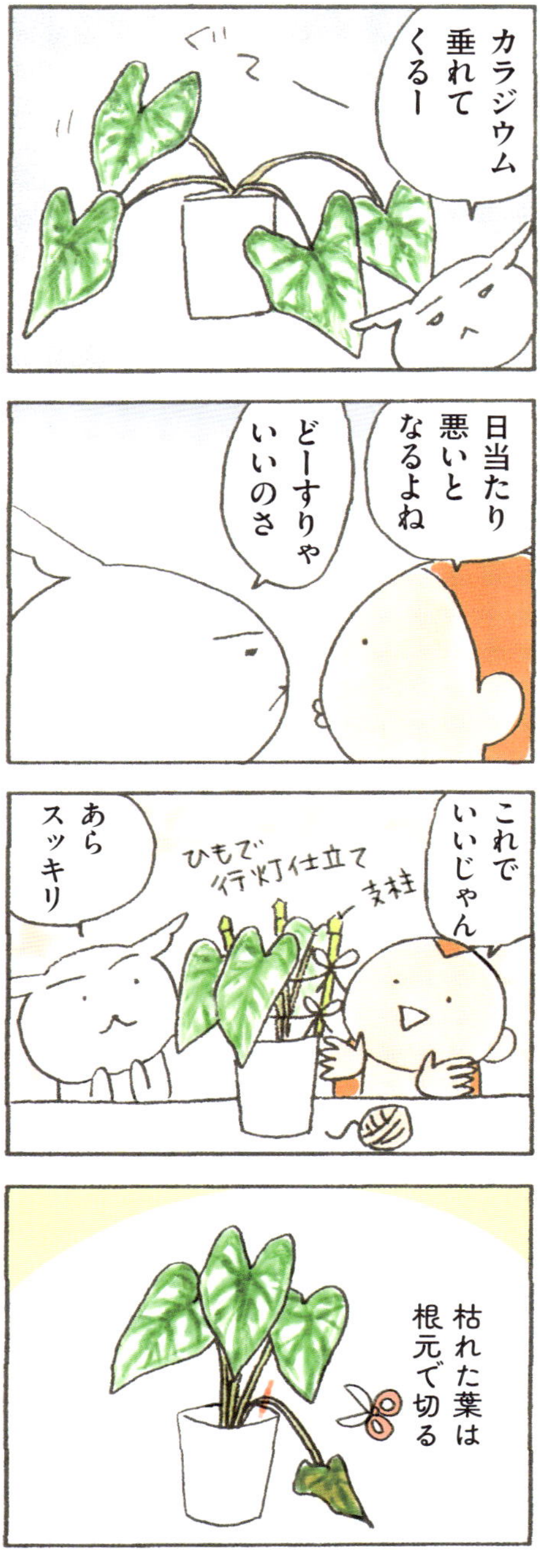
カラジウム垂れてくるー
日当たり悪いとなるよね
どーすりゃいいのさ
これでいいじゃん
あらスッキリ
ひもで行灯仕立て
支柱
枯れた葉は根元で切る

名前

ストレリチア・レギネ

別名：極楽鳥花

ゴクラクチョウ科

高さ：50～180cm以上

花期：5～10月

直射日光もOK

葉も花もエキゾチック。存在感抜群の植物

南国ムード満点のストレリチア・レギネ。別名は極楽鳥花、英名はBird of paradise。オレンジ色の個性的な花が咲きます。よく似たストレリチア・ニコライもゴクラクチョウ科の仲間です。こちらはかなり大きくなるので置き場所を確保してから購入しましょう。どちらも重いので、ひっかけて倒さないように置き場所に気をつけてください。

なるべく明るい場所で育ててください。真夏の直射日光は避けますが、それ以外の時期はしっかり日に当てたほうが花つきがよくなります。暖かい時期は外に出して日に当ててもよいでしょう。水は乾いたらたっぷりと、冬は控えめに。

生育旺盛で、よく根を張ります。根ががっちり張ってしまうと抜くのに苦労するので、1～2年に一度は植え替えましょう。植え替え適期は5～7月です。葉が枯れたら根元から切り取ります。

葉が大きいとほこりが目立つので、ときどきぬらした布やティッシュなどで拭き取りましょう。乾燥するときに葉水も効果的です。寒さには比較的強いので5度あれば問題ありません。

青みがかった葉がおしゃれです。葉は切り花の添え物としても楽しめます。ほこりを拭くときは葉だけでなく茎も拭いておきましょう。

ストレリチアの品種

	ストレリチア・レギネ	ストレリチア・ニコライ（オーガスタ）
花	オレンジ	白，黒
葉	細い 光沢がある	大きい
大きさ	1～2m	7～10m
特徴	花が咲く	大きくなると花が咲く

名前

ボトルツリー

別名：ブラキキトン

アオイ科

高さ：40〜150cm程度

花期：春〜夏

明るい場所を好む

すっきりした樹形で狭いスペースにも◎

ボトルツリーは幹の根元がぷっくりふくらんだ、個性的な観葉植物です。オーストラリア原産で現地では20メートル以上の巨木になります。耐陰性があり寒さにも強いので、育てやすく初心者におすすめです。

耐陰性はありますが、明るいほうがよく育ちます。直射日光は避け、なるべく明るい場所で育ててください。幹に水を蓄えることができるので乾燥に強いです。過湿を嫌うので乾かしぎみに育てましょう。水やりは生育期間は乾いたらたっぷりと。冬の休眠期は月に2回程度で十分です。

生育期は新芽がどんどん出ます。新芽が出なくなったり、吸水が悪くなったりしたら根詰まりのサイン。ひと回り大きい鉢に植え替えましょう。植え替えは5〜9月が適期です。伸びすぎたらバランスをみながら剪定しましょう。暖かい時期ならいつ剪定してもだいじょうぶです。

耐寒性もありますが寒さで葉を落とすことがあります。冬に葉が全部落ちてもあきらめずに暖かい場所で新芽が出るのを待ちましょう。その際の水やりはごく控えめに。

新芽は赤っぽく、葉が開いてくると、徐々に緑色になります。色の変化も楽しんでみましょう。

晩秋にボトルツリーを仕入れたとき
寒さで全部葉が落ち…
きゃー
その後店の2階で越冬
寒くて暗い
なんとか3月に新芽が出ました
えがった

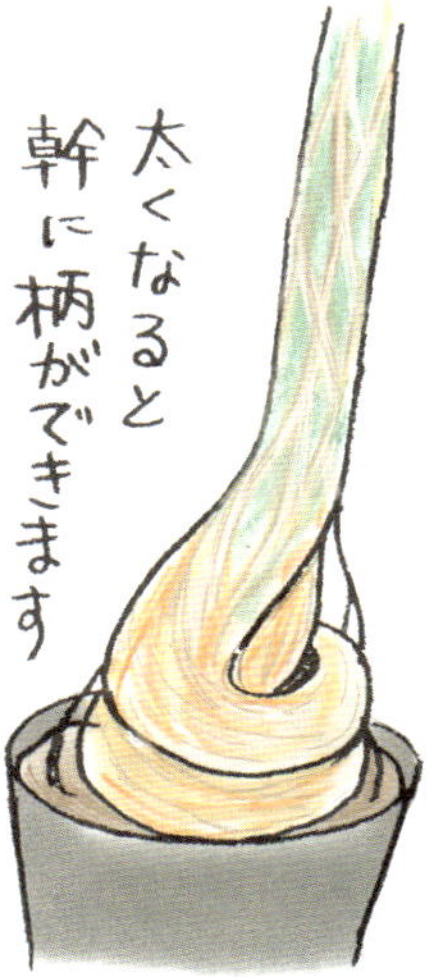
太くなると幹に柄ができます

ボトルツリーの仲間
ビドウィリー
葉の形がちょっと違うやや希少種

自生地のオーストラリアでは巨木になるよ
20m

名前

アボカド

クスノキ科

高さ：20〜150cm程度

花期：3〜5月

直射日光もOK

食べ終わった種から育てるのが楽しい

アボカドは食べるだけでなく観葉植物として育てることもできます。食べ終わったアボカドの種を水耕栽培すると芽が出ます。

寒い時期は発芽しにくいので5〜9月の暖かい時期に挑戦するのがおすすめ。冷蔵保存すると発芽率が下がるので、アボカドを買ってきたら常温におきます。

種はよく洗って茶色い薄皮をはぎ、丸みのあるほうを下にして水につかるようにグラスなどにセット。日当たりのよい暖かい場所に置いて発芽を待ちます。水は毎日替えてください。

まず根が出て、その後芽が出ます。葉が3〜4枚になり、根がいっぱいになってきたら鉢に植えます。

しっかり根づくまで乾燥に注意します。成長が早くぐんぐん伸びます。1〜2年ごとに植え替えましょう。伸びすぎたら、剪定して樹形を整えてください。剪定適期は4〜6月です。冬はなるべく暖かい場所に置きましょう。

春と秋の生育期に液体肥料で追肥するとよく成長します。水は乾いたらたっぷりと与え、冬は控えめにします。

実をならせようと思うと、品種の選定や接ぎ木などが必要ですが、観葉植物として楽しむのであればそれほど手間はかからず気軽に楽しむことができます。

アボカドの種を水耕栽培したら
種を水につける
ようじで固定する
種を投げるとすぐに発芽
失敗!!
芽が出ず腐った
カビ
冬で寒かったみたいです
そこらじゅうに生えてます
アボカドの産地ハワイに在住の妹に聞いてみた
ハワイのアボカドってどんな?
じゃあいっぱい実がなってるの?
実はね〜接ぎ木しないと難しいみたい
ハワイはすごいよ
シャーウィル
ハワイの主力品種
ハス
日本でよく売ってる品種
カハルー
人気品種
品種もいろいろ

名前

アレカヤシ

ヤシ科

高さ：50〜180㎝程度

花期：3〜5月

直射日光もOK

とにかく日光が好き。明るい場所で育てます

南国ムード満点でヤシの中でも一番人気のアレカヤシ。一般に流通しているサイズはだいたい3種類、10号鉢150センチ以上の大サイズ、8号鉢100センチほどの中サイズ、5号鉢以下の小サイズです。置き場所に合わせて選びましょう。ヤシは成長が早いのと葉が広がるので場所を取ります。購入前にスペースを確保しておきましょう。

日光が好きな植物なので日当たりのよい場所で育ててください。真夏に葉焼けするなら、レースのカーテンなどで遮光します。耐陰性はあまりないので暗いと葉色が悪くなったり、葉が落ちたりします。

環境の変化も苦手なので、なるべく周年同じ場所、同じ環境で育ててください。風通しが悪いとハダニやカイガラムシがつきやすくなるので、注意しましょう。

水やりは乾いたらたっぷりと。冬は控えめに。冬の水のやりすぎは根腐れの原因になります。空気が乾燥するときは葉水を与えます。

成長が早いので1〜2年に一度は植え替えを。根詰まりすると新芽が小さくなったり、葉が黄変したりします。ヤシは挿し木ができないので株分けで増やします。植え替え、株分けの適期は5〜7月です。

傷んだ葉
古い葉は
根元から
切る
株分けは
ここで切る
ヤシの仲間
アレカヤシ
150 cm
株立ち
テーブルヤシ
小型
テーブルサイズ
20 cm
フェニックス・ロベレニー
180 cm
幹立ち

観葉植物の植木屋時代の店長
ブティックに納品
植木に小さい虫が出たんだけど
いっぱいいるのよ
カイガラムシですねー
空気の流れが悪い密室はカイガラムシが出やすいんだよなー

名前

ユッカ・ギガンティア

キジカクシ科
高さ：50〜180cm程度
花期：5〜10月

直射日光もOK

直立した幹の先に葉が茂る姿が迫力抜群

ユッカにはたくさんの種類があります。観葉植物として多く流通しているのはユッカ・ギガンティア。青年の木とも呼ばれています。まっすぐの幹から伸びる葉が力強く、砂漠に似合うイメージです。

直射日光を好むので、なるべく日当たりのよい場所で育てましょう。日当たりが悪いと葉が黄色くなり、全体的に徒長したり、葉が垂れ下がったりします。

乾燥を好むので土がしっかり乾いてから水やりするようにしてください。冬は控えめにします。

ユッカは幹を挿し木して育てたものが多く、葉のわりに根がしっかりしていないことがあります。水が多いと根腐れしやすいので注意しましょう。

剪定は5〜6月が適期です。伸びすぎてバランスが悪くなったら剪定して整えましょう。ユッカは芽吹きがいいのでどこで切ってもだいじょうぶです。切った枝は挿し木にできます。太い幹を切ったら切り口から傷まないように癒合剤を塗っておきましょう。

生育旺盛なので2〜3年に一度は植え替えましょう。真夏を避けた5〜9月が適期です。生育期の春と秋に液体肥料または緩効性の固形肥料で追肥するとよく育ちます。

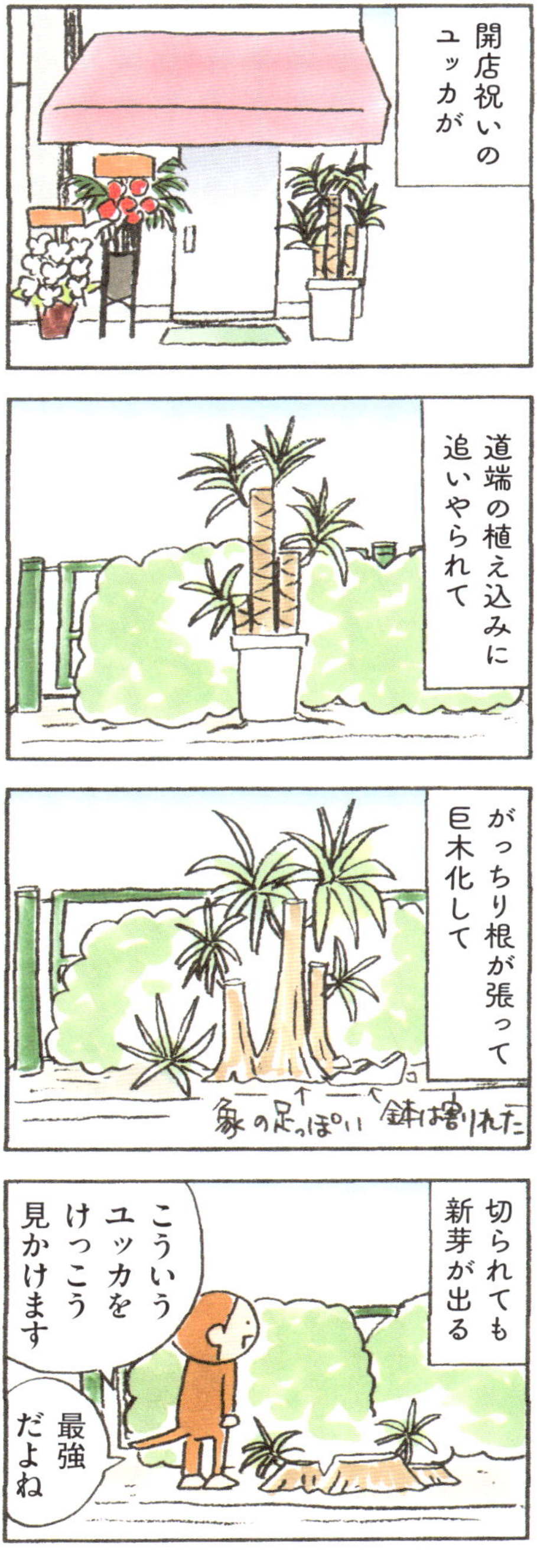
開店祝いのユッカが
道端の植え込みに追いやられて
がっちり根が張って巨木化して
象の足っぽい
鉢は割れた
切られても新芽が出る
こういうユッカをけっこう見かけます
最強だよね

伸びたら切り戻してもOK
ここで切ってもOK
下からも芽が出やすい
切ったら癒合剤を塗っとこう
挿し木でもつくよ

道端で咲いてるのはキミガヨラン
ユッカと同じキジカクシ科です
葉先がとがってます

名前

シュロチク

ヤシ科
高さ：100～180cm以上
花期：7～9月（稀に）

半日陰もOK

落ち着いた雰囲気で室内で育てやすいヤシ

オリエンタルな雰囲気が特徴的なシュロチクは、江戸時代からすでに人気の園芸植物でした。幹に生える毛がシュロのようでもあり、葉は竹のようでもありますが、じつはヤシの仲間です。ヤシのように株立ち状で増え、背が高くなります。シュロチクによく似たカンノンチクも人気の観葉植物です。シュロチクより、葉の幅が広いのが特徴です。

　耐陰性があり、室内で育てやすい観葉植物です。直射日光に当たると葉焼けするので半日陰で育ててください。ヤシ科の中では寒さに強く暖地では戸外で冬越しも可能です。

　水やりは乾いたらたっぷりと。冬は控えめに。乾燥すると葉先が茶色くなったり、枯れたりするのでときどき葉水をあげてください。

　剪定、株分けは5～6月が適期です。ふつうの木のように剪定したところから新芽は出ないので、下葉が落ちて見苦しくなったら根元から切ります。根元から子株がよく出ます。剪定バサミで切れないときは園芸用のノコギリがおすすめ。

　生育はやや遅めですが、鉢がいっぱいになったら植え替えまたは株分けしましょう。植え替え適期は5～9月です。植え替え時に元肥を入れておけば追肥はあまり必要としません。

ヤシ科の仲間

・背が高くなる
・寒さにやや弱い

・斑入り種もある
・寒さに弱い

名前

カレーリーフ

別名：オオバゲッキツ、ナンヨウザンショウ

ミカン科

高さ：20～100cm程度

花期：5月

明るい場所を好む

見るもよし、嗅ぐもよし、食べるもまたよし

カレーリーフとはカレーノキの葉のことで、南インドやスリランカの料理に欠かせないハーブです。葉をちぎるとゴマの香ばしさと柑橘のさわやかさが合わさったような香りがします。半耐寒性半常緑樹で、南インドやスリランカの熱帯から亜熱帯にかけて自生しています。葉の形も色も美しいので、観葉植物としても楽しめます。

寒さには弱いですが暑さには強いです。風通しが悪いとカイガラムシやハダニが発生しやすいので、日当たり、風通しのよい場所で育ててください。暖かい時期は戸外で育てることもできます。

水やりは土が乾いたらたっぷりと。生育期の春と秋に液体肥料または緩効性の固形肥料で追肥します。寒くなると葉を半分くらい落とします。冬に全部落葉しても5度を保っていれば枯れないので、あきらめずに育てましょう。冬は休眠しているので水は控えめに。土がしっかり乾いてから暖かい時間帯にあげましょう。

剪定適期は春ですが、春に花が咲きます。花を見るなら剪定は控えめに。

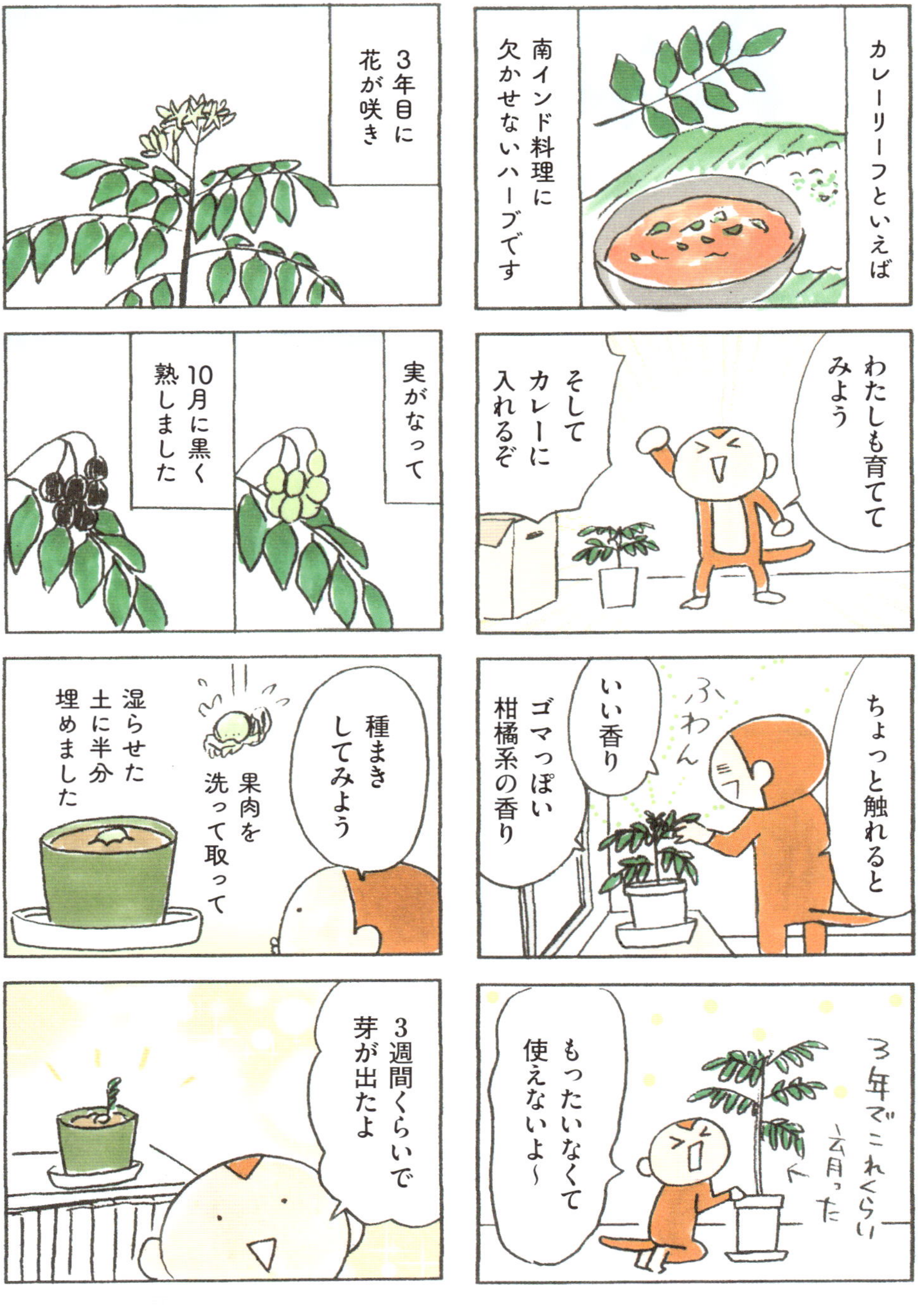

カレーリーフといえば
南インド料理に欠かせないハーブです
わたしも育ててみよう
そしてカレーに入れるぞ
ちょっと触れると
ふわん
いい香り
ゴマっぽい柑橘系の香り
もったいなくて使えないよ〜
3年でこれくらい育った
3年目に花が咲き
実がなって
10月に黒く熟しました
種まきしてみよう
果肉を洗って取って
湿らせた土に半分埋めました
3週間くらいで芽が出たよ

※実は有毒です

名前

サンセベリア

キジカクシ科

高さ：20～50cm程度

花期：5～10月（稀に）

明るい場所を好む

乾燥ぎみに育てたい 定番人気の観葉植物

とがった多肉質の葉が独特な観葉植物、サンセベリア。マイナスイオンを発生させる、空気清浄作用があるなどと話題になり、人気が出ました。乾燥にはとても強いですが過湿には弱いです。サンセベリアを枯らしてしまう原因のほとんどは水のやりすぎなので、気をつけてください。

日当たりのよい場所を好みます。暗いと葉色が悪くなったり、生育が悪くなったりします。水は土の表面が乾いてからさらに3～4日後にあげましょう。水切れしてくると縦にしわが入るのでそれからでも間に合います。冬の低温期は休眠しているので断水して、最低気温が10度を超え、暖かくなってきたら再開します。

根詰まりしてくると葉が細くなったり薄くなったりするので、植え替えか株分けを行いましょう。適期は5～7月です。多肉植物用などのなるべく水はけのよい土に植えます。葉挿しでも簡単に増やすことができます。ほこりが目立つのでときどきぬらした布やティッシュで葉を拭いてあげましょう。サンセベリアの健康状態をチェックでき、害虫予防にもなります。

サンセベリアは意外と動きがあります
新芽がよく出ます
そしてよく育ちます
葉が傷んだら根元から切ってね
葉挿しで増やせます

サンセベリアの仲間たち
ローレンティー
代表品種
流通量No.1
バキュラリス
棒状の葉がおもしろい
いろんなタイプがあるよ～
ハニー
小型タイプ
広葉
ゴールデンハニー
小型の斑入り種

名前

ビカクシダ

別名：コウモリラン

ウラボシ科

高さ：20〜50cm程度

花期：なし

半日陰もOK

鹿の角のような葉が大人気のシダ植物

ビカクシダはほかの植物や岩などに根づいて生きている着生植物です。大きく伸びる胞子葉と、根元に丸く広がる貯水葉を持っています。伸びた胞子葉がシカの角やコウモリの形に似ているので「鹿角シダ」「コウモリラン」と呼ばれています。着生植物なのでヘゴ仕立て、板付け、苔玉、ハンギングと自由に仕立てられ、とても人気です。大きく育つとインパクトがあってカッコイイです。

耐陰性はありますが暗いと育ちが悪く根腐れしやすいので、直射日光は避けて明るい場所で育ててください。5月くらいから直射日光で葉焼けしやすいので注意してください。

葉焼けすると元に戻りませんので、切るしかありません。

水やりは土または水苔が乾いてきたらたっぷりと。ときどき霧吹きで葉水をあげましょう。冬の水やりは控えめに。乾いてから数日後の暖かい時間帯にあげてください。

胞子葉が枯れたら根元から切り取ります。貯水葉は水をためたり根を守ったりしているので、茶色くなっても切り取らずそのままにしてください。

成長スピードが速いので、暖かい時期は胞子葉も貯水葉もつぎつぎと新芽が出てきます。

ビカクシダのこれってなに？
板付けだね
根っこを水苔で包んで板に固定してあるよ
成長点をよけてテグスで固定する
やってみたい
やってみよう
できた！
水やりは？どうすんの
水でふやかした水苔
緩効性の固形肥料を少しのせて
水苔で覆う
根に肥料が直接触れないように
成長点を上にして水苔で根を包む
成長点
バケツの水につけるかシャワーでOKです
ドボン
取り出して水をきる
ジャー
胞子葉
貯水葉
・水をためる
・根を守る
成長点
ここから
新芽が出る

名前

アジアンタム

ホウライシダ科

高さ：20～50cm程度

花期：なし

半日陰もOK

小さな葉が可憐で
ハンギングにも向く

涼しげな葉が魅力的なアジアンタム。常緑のシダ植物です。強い日差しに弱いので周年明るい日陰や半日陰で育てます。

湿り気を好むので水やりを忘れずに。土が乾ききる前にたっぷりとあげてください。葉に保水力がないので、水切れするとすぐに葉が丸まって枯れてしまいます。枯れると元に戻らないので株元から1～2センチのところで切り戻して新芽が出るのを待ちましょう。

乾燥に弱いので冷暖房の風が直接当たらない場所に置いてください。1日1回霧吹きで葉水を与えて葉の乾燥を防ぎましょう。冬の水やりはやや控えめでかまいませんが、空気が乾燥するので葉水はしっかりと。春と秋の生育期に液肥か緩効性の置き肥で追肥します。

植え替え、株分けは5～9月が適期です。アジアンタムはシダ植物なので挿し木で増やせません。株分けで増やします。鉢から抜いてナイフなどで切り分けて植えます。植え替え時に葉を減らして根の負担を減らしておくとよく育ちます。素焼き鉢は土が乾燥しやすいので、プラスチック鉢のほうが適しています。

品種いろいろ
フラグランス
定番品種
アジアンタムというと
これのこと
ミクラフィラム
葉っぱが
小さい品種 涼しげ
ペルビアナム
葉が大きい
タイプ
道端に生えてるホウライシダはアジアンタムの仲間です

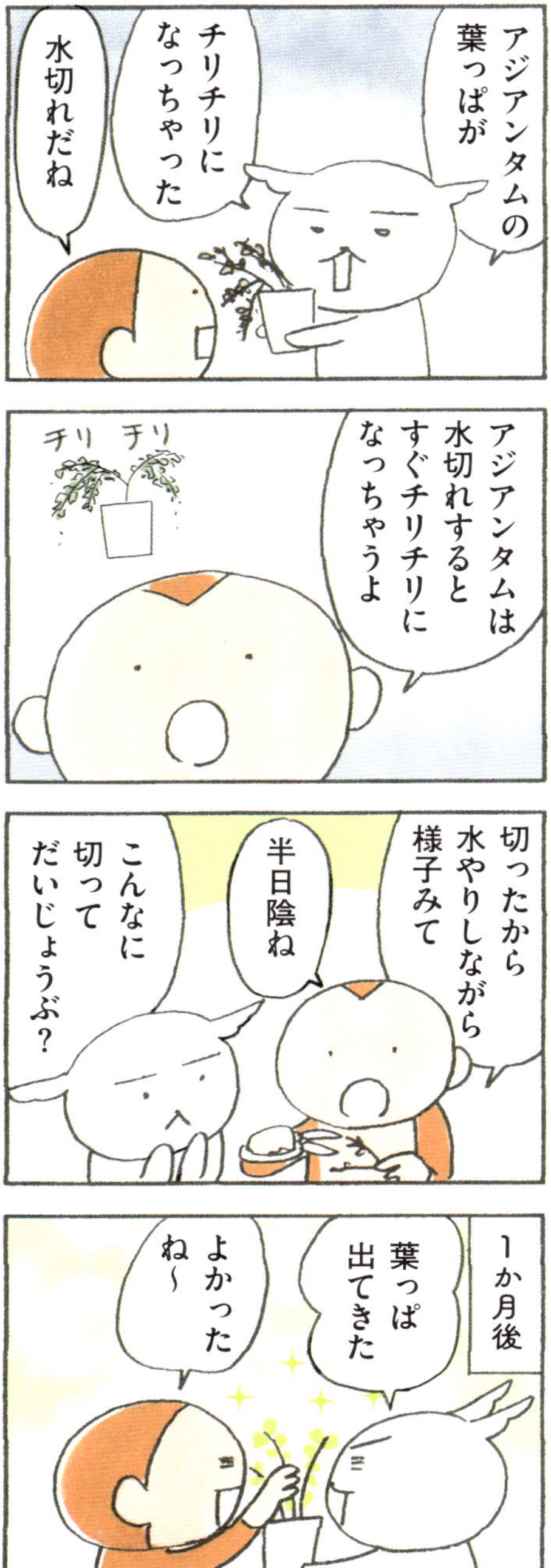
アジアンタムの葉っぱが
チリチリになっちゃった
水切れだね
チリ チリ
アジアンタムは水切れするとすぐチリチリになっちゃうよ
切ったから水やりしながら様子みて
半日陰ね
こんなに切ってだいじょうぶ？
1か月後
葉っぱ出てきた
よかったね～

名前

アスパラガス

キジカクシ科

高さ：20～50cm程度

花期：5～7月

直射日光もOK

繊細な見た目に反して過酷な場所でも育つ

観葉植物のアスパラガスと野菜のアスパラガスはどちらもキジカクシ科クサギカズラ属ですが、別の植物です。繊細で細かい葉が伸びるので、ハンギング向きです。葉に見えるのは偽葉といって、枝が葉のように変化したものです。本当の葉は退化していて目立ちません。

見た目の繊細さとは反対に、かなり強靭《きょうじん》です。暑さに強く、直射日光もだいじょうぶ。なるべく日当たりのよい場所で育ててください。暗いと葉がパラパラ落ちたり黄変したりします。

多肉質の太い根が生えているので多少の水切れも問題ありません。乾いたらたっぷりと水やりしてください。葉水もときどきあげましょう。蒸れには弱いので水のやりすぎには注意。なるべく風通しよくしてあげましょう。生育期に緩効性の置き肥で追肥しますが、葉色が薄くなってきたときは液体肥料で追肥しましょう。

成長が早い植物です。植え替えしないと鉢がパンパンになって変形することも。抜くときに苦労するので1～2年に一度は植え替えてください。生育旺盛なので深めの鉢が向いています。植え替え適期は5～9月です。株分けで増やすことができます。冬は暖かい場所に置いてください。

品種いろいろ
ナナス
ふんわりしだれる葉
スプレンゲリー
ナナスより太めの葉っぱ
花が咲いて赤い実がなる
メイリー
房状に
伸びるタイプ
これも実がなる
剪定
伸びたら
好きなところで
切ってOK
ぶっとい
根
間引き
剪定なら
根元を切る

アスパラガスって見るからに弱そうだけど
直射日光だいじょうぶかな?
うわーっ
西日をものともしない
葉焼けもしないし乾燥にも強い
これこそ初心者向きかも

名前

トラデスカンチア

ツユクサ科

高さ：20～40㎝以上

花期：春～夏（稀に）

明るい場所を好む

ミニ観葉や小鉢仕立て、ハンギングがおすすめ

カラフルで美しい葉色の品種がたくさんあります。

はうように広がっていくのでハンギングに向いています。夏に花が咲きます。目立たない白や紫の花が多いですが、品種によってはピンクのきれいな花が咲きます。一日花ですが次々と咲くので長く楽しめます。

明るいほうが葉色がきれいに出るのでなるべく明るい場所で育てます。夏に外に出すなら直射日光は避けて明るい日陰で。水は乾いたらたっぷりと。やや湿り気を好むので水切れしないように注意してください。葉水もあげましょう。

生育旺盛な植物です。葉が込み合ったら根元から間引いて剪定してください。伸びすぎたら半分くらい刈り込んでもよいでしょう。剪定した枝は花瓶に生けたり、挿し芽にしたりして楽しめます。

根詰まりしてくると葉色が悪くなったり、枯れる葉が多くなったりします。1～2年に一度は植え替えてください。

斑入り種に斑のない緑色の葉が出てくることがあります。緑の葉のほうが生育旺盛なので、放っておくと全部緑になってしまいます。見つけたら切り取っておきましょう。寒さにはやや弱いので冬は暖かい場所で、水やりも控えめにします。

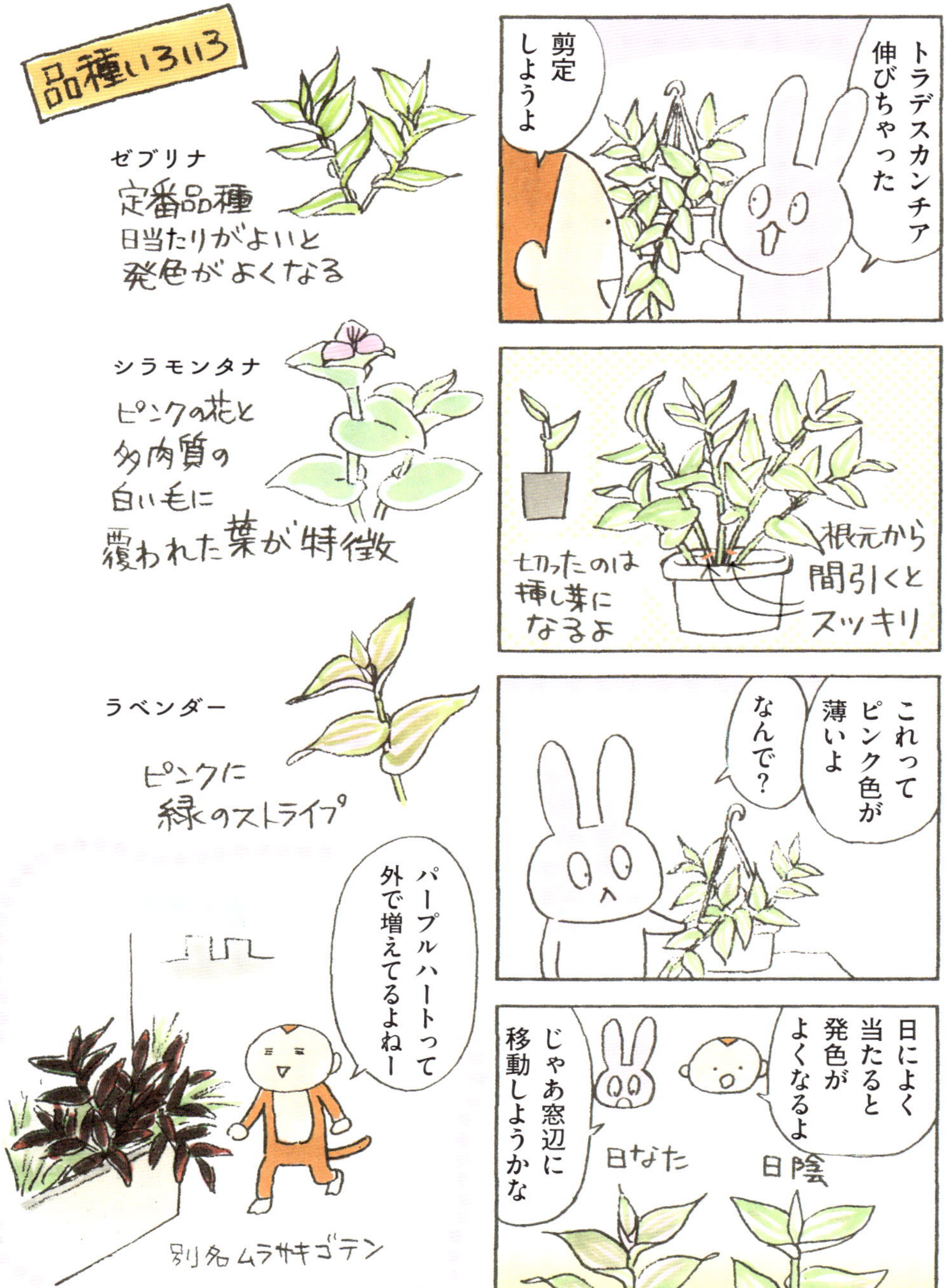

トラデスカンチア伸びちゃった
剪定しようよ
根元から間引くとスッキリ
切ったのは挿し芽になるよ
これってピンク色が薄いよ
なんで?
日によく当たると発色がよくなるよ
じゃあ窓辺に移動しようかな
日なた
日陰
品種いろいろ
ゼブリナ
定番品種 日当たりがよいと発色がよくなる
シラモンタナ
ピンクの花と多肉質の白い毛に覆われた葉が特徴
ラベンダー
ピンクに緑のストライプ
パープルハートって外で増えてるよねー
別名ムラサキゴテン

名前

フィカス・プミラ

クワ科

高さ：20～40cm程度

花期：なし

明るい場所を好む

環境に適応しやすいので寄せ鉢にしても

小さく丸い葉がかわいいプミラ。つるには付着根という根が生えていて岩や壁に取りついて伸びていくので、ハンギング向きです。

耐陰性もありますが葉色が悪くなるので、できるだけ明るい場所で育てます。水やりは乾いたらたっぷりと、冬は控えめに。葉水もときどき与えてください。乾燥すると葉がパリパリになることがあります。

生育旺盛でぐんぐん伸びます。長く育てていると幹が木質化してきます。剪定時に木質化したところで切ると新芽が出にくいので、やわらかい枝を切ります。プミラは樹液でかぶれやすいので、作業するときは手袋をつけましょう。樹姿が乱れたらバランスを整えながら剪定してください。剪定適期は5～6月です。

生育が早いので、2～3年ごとに植え替えてください。植え替え適期は5～6月です。春と秋の生育期に液体肥料または緩効性の置き肥で追肥します。

寒さには比較的強く5度まで耐えられるので、暖地だと戸外で越冬しているものもあります。室内置きでしたら日当たりのよい暖かい場所で育ててください。

品種いろいろ
サニー
緑に白の斑入り
一番ポピュラーな品種
ムーンライト
斑入りの
人気品種
ミニマ
葉っぱが
小さい
かわいい!!
ハンギング
苔玉も人気

プミラのミニ観葉かわいい
どれくらい大きくなるのかな？
プミラだよ
え
こんなに大きくなるんだね
スゴイよね

名前

マドカズラ

サトイモ科
高さ：20〜80cm程度
花期：なし

半日陰もOK

窓のような穴の開いた葉がおもしろい

穴の開いた葉がおもしろい、半つる性の植物です。

ポトスやモンステラなどと同じサトイモ科の仲間です。半つる性なので大きくするならヘゴなどの支柱を立てるとよいでしょう。ヘゴ支柱は節から伸びる気根がしっかり活着するので、きれいにまとまります。コンパクトに仕立てるなら支柱なしでも問題ありません。

強い日差しに弱いので直射日光を避けて明るい場所で育てます。耐陰性があるのである程度暗い場所でもだいじょうぶですが、暗いと徒長したり葉色が悪くなったりするので様子をみて置き場所を調整してください。

水やりは乾いたらたっぷりと。高温多湿を好むので葉水はこまめに与えます。冬の葉水は暖かい時間帯に。春と秋の生育期間中に液体肥料または緩効性の置き肥で追肥します。

植え替え、剪定の適期は5〜9月です。2〜3年に一度は植え替えましょう。つるが伸びすぎたら適宜切り詰めます。切った茎は挿し穂に使えます。ほかのサトイモ科同様に挿し木や根伏せで増やすことができます。葉が薄くてやわらかいので、破れないようにやさしく取り扱ってください。樹液に触れるとかぶれやすいので、作業の際は手袋をつけましょう。

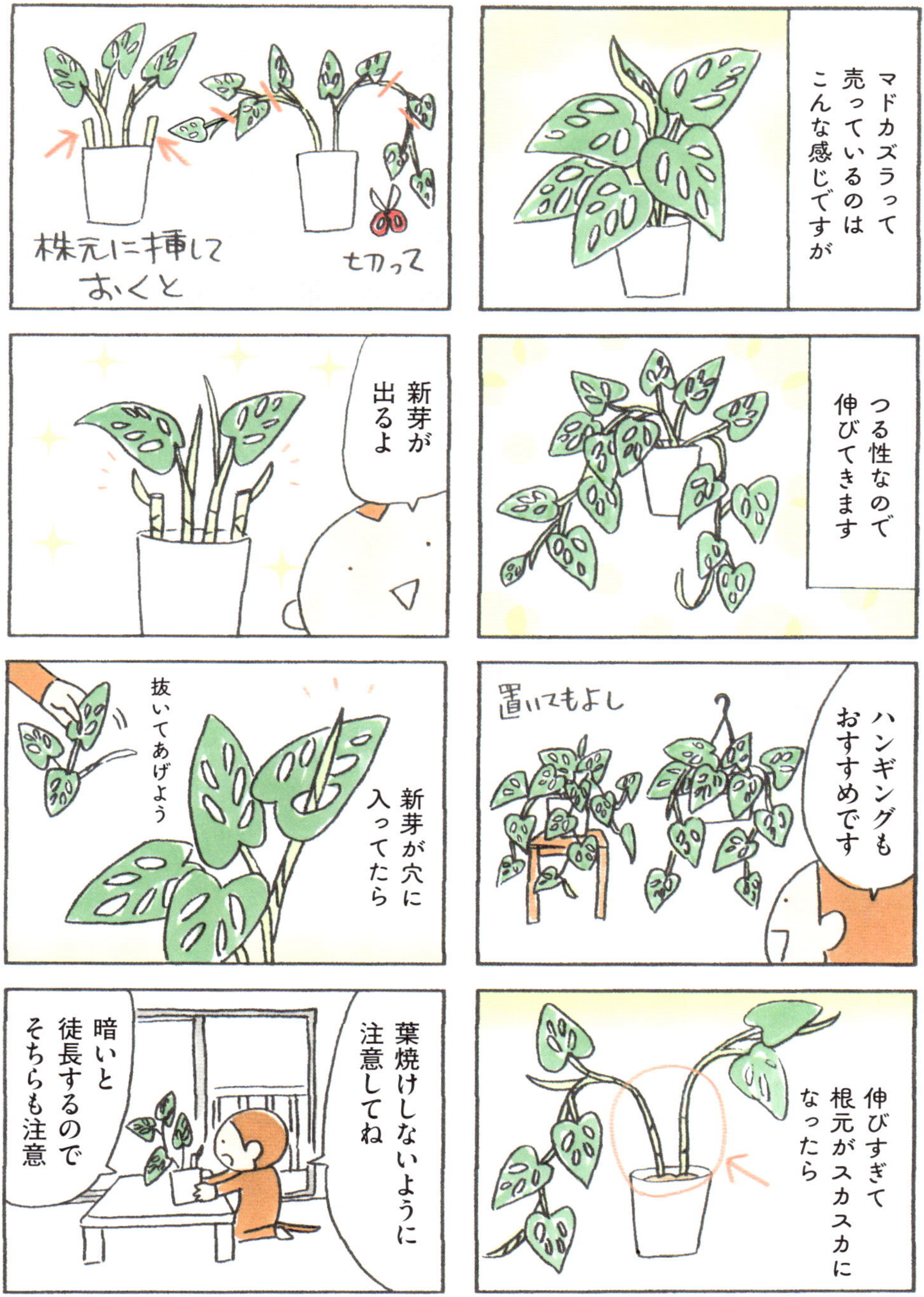
マドカズラって売っているのはこんな感じですが
つる性なので伸びてきます
ハンギングもおすすめです
置いてもよし
伸びすぎて根元がスカスカになったら
切って
株元に挿しておくと
新芽が出るよ
新芽が穴に入ってたら
抜いてあげよう
葉焼けしないように注意してね
暗いと徒長するのでそちらも注意

名前

マランタ

クズウコン科

高さ：20〜50㎝程度

花期：7〜9月

半日陰もOK

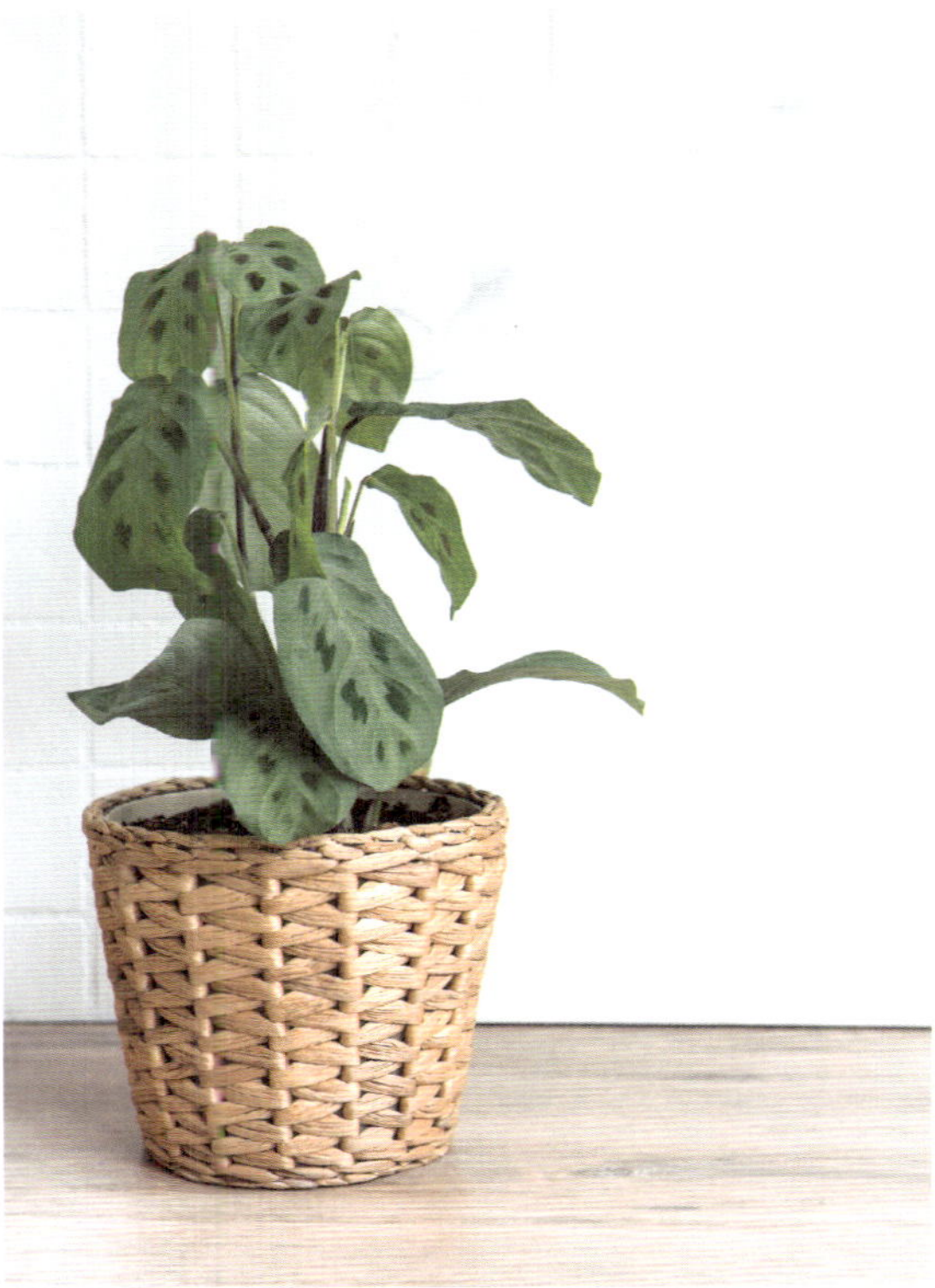

斑点状の模様のある大ぶりの葉が特徴的

小判形の葉の葉脈に沿って並ぶ斑点状の模様が目を引きます。夜、葉を持ち上げて閉じるように眠る姿もおもしろいです。葉を閉じた姿が祈りを捧げる人の手に見えるので、英語ではプレイヤープラントとも呼ばれています。

匍匐《ほふく》性で横に伸びるのでハンギングに向いています。葉裏もきれいなので、しだれると両面を楽しめます。

直射日光は避けて明るい室内で育てます。強い日差しですぐに葉が丸まってしまうので、夏は注意してください。水は乾いたらたっぷりと。やや湿り気を好むので水切れさせないように注意しましょう。葉水はこまめに与えます。

冬は、土の表面が乾いてから3〜4日後に水やりします。暖かい場所に置き、水やりは日中の暖かい時間帯に。冷たい水は根がショックを受けるので、室温程度の水をあげてください。

生育期はどんどん新芽が出ます。生育が早いので1〜2年ごとに植え替えます。植え替え適期は5〜7月。伸びすぎたら好きなところで切ってOK。切った枝は挿し穂にできます。

同じクズウコン科のカラテアとよく似ています。花の雄しべの構造が違うのですが花がないと区別ができないので、購入時にラベルで確認してください。

マランタの葉っぱが丸まっちゃう
くるくる
乾燥すると丸まるよ
お水はあげたよ
冬はとくに注意
葉水もあげてね
水やりはしっかり土が乾いてから
葉水は毎日でもよい
暖房の風が当たらないように
加湿器をつけてもよし
日当たりがよすぎても丸まるよ
半日陰が好き
かといって暗すぎても丸まるから
ちょうどよい場所を見つけてね
小さい花が咲く
茎が匍匐するのでハンギングもおすすめ

名前

オリヅルラン

キジカクシ科

高さ：20〜40cm程度

花期：3〜9月

明るい場所を好む

細くさわやかな葉が放射状に広がる植物

放射状にしだれる葉が明るく涼しげなオリヅルラン。次々伸びてくるランナーと、ランナーの先にできる子株が特徴です。春から秋までランナーの途中に花が咲きます。名前の由来はこの子株が折り鶴に似ているからのようです。壁掛けやハンギングにも向いています。

明るい場所から半日陰まで、だいたいどこでも育てることができます。耐陰性はありますが、暗すぎると葉色が悪くなるので注意しましょう。夏に葉焼けするようなら直射日光を避けて明るい日陰に移動してください。水は乾いたらたっぷりと。根に保水性があるので乾かしぎみに育てます。

耐寒性もあり、5度くらいまで耐えられます。暖地では周年戸外でも育てられます。生育旺盛なので1〜2年に一度植え替えましょう。株が大きくなりすぎたら株分けします。肥料はそれほど必要としないので植え替え時の元肥で十分です。

緑に白縁のソトフオリヅルランや中に斑が入るナカフオリヅルラン、小ぶりなシャムオリヅルランなど多くの品種があります。

ガレージにだれも世話をしていないオリヅルランが…
葉が傷んだら
そのわりに枯れずにきれい
たまに少し雨がかかる
花も咲く
ランナーもよく出る
バッサリ切り戻しても
こういうのは強いからおすすめなんだけどね
ランナーもらおうかな
すぐにフサフサしてきます
これ根が出てるからそのまま植えればすぐ根づくよ
やってみる
枯れたらまたもらおう
太い根と細い根がある
太い根に水分を蓄えているよ

名前
アンスリウム

サトイモ科
高さ：20〜50cm程度
花期：5〜10月

明るい場所を好む

サトイモ科特有の仏炎苞が目を引きます

ハート形の花がかわいいアンスリウム。ギフトにも人気です。花色は赤、白、ピンク、グリーンなどいろいろあります。花に見えるのはじつは仏炎苞《ぶつえんほう》という苞で、中心の軸の部分が肉穂花序という本当の花です。サトイモ科のスパティフィラムやミズバショウなども同じ構造の花が咲きます。アンスリウムは観葉植物だけでなく切り花も多く出回っています。

直射日光を避けて明るい場所で育てます。暗いと花がつかないことがあります。水は乾いたらたっぷりと。空気中の湿度が高いのを好むので年間を通して葉水をあげましょう。冷暖房の風の当たらない場所に置いてください。春と秋の生育期に液体肥料で追肥すると花つきがよくなります。

2〜3年に一度は植え替えましょう。植え替え、株分け適期は5〜7月です。植え替え時に古くなった根や枯れた気根などはハサミで切り取ります。アンスリウムは親株の周りに子株が生えて増えていきます。株分けするときは、この子株を取り分けて植えつけます。サトイモ科なので作業時は手袋をつけましょう。

アンスリウムは
だんだん根元や株元が※ワサビ化してしまう
※根上がりしてワサビのようになること
どうしたらいいのかなー
植え替えたほうがいいようなので植え替えました
この部分が土に埋まるように
新芽がいっぱい出てきました
よかった
アンスリウムの
白い苞
花が咲いて
2か月くらいしたら
赤くなってきて
その後緑色に変化
なんやかんやで半年近く楽しめます
長く咲くよ
日々のお手入れ
葉が枯れたら根元から切る

名前

スパティフィラム

サトイモ科

高さ：20〜50cm程度

花期：5〜10月

明るい場所を好む

成長が早いので根詰まりに注意

スパティフィラムは白く品のよい花を咲かせる観葉植物です。花に見えるのはサトイモ科でおなじみの仏《ぶつ》炎苞《えんほう》です。一番多く流通している中型種のメリーは樹高80センチ程度とあまり大きくならないので室内でも育てやすいです。小型種のドミノも人気です。

花が咲かない原因は、日照不足、栄養不足または過多、根詰まりが考えられます。直射日光が苦手ですが、暗い場所が好きなわけではありません。なるべく明るい場所で育ててください。肥料が不足すると花つきが悪くなります。春と秋の生育期間中に液体肥料などで2週間に一度ほど追肥してください。また肥料をやりすぎると葉ばかり茂って花が咲きません。追肥は適度な量を。水は乾いたらたっぷりと、冬は控えめに。ときどき葉水をあげましょう。

やや成長が早い植物です。根詰まりしてくると水を吸いにくくなったり、葉が枯れたり、なんとなく元気がなくなってきます。1〜2年に一度は植え替えや株分けをしましょう。また、花や葉が枯れたら根元から切り取ってください。サトイモ科なので作業時は手袋をつけましょう。

花や葉は、切り花として花瓶に飾って楽しむこともできます。

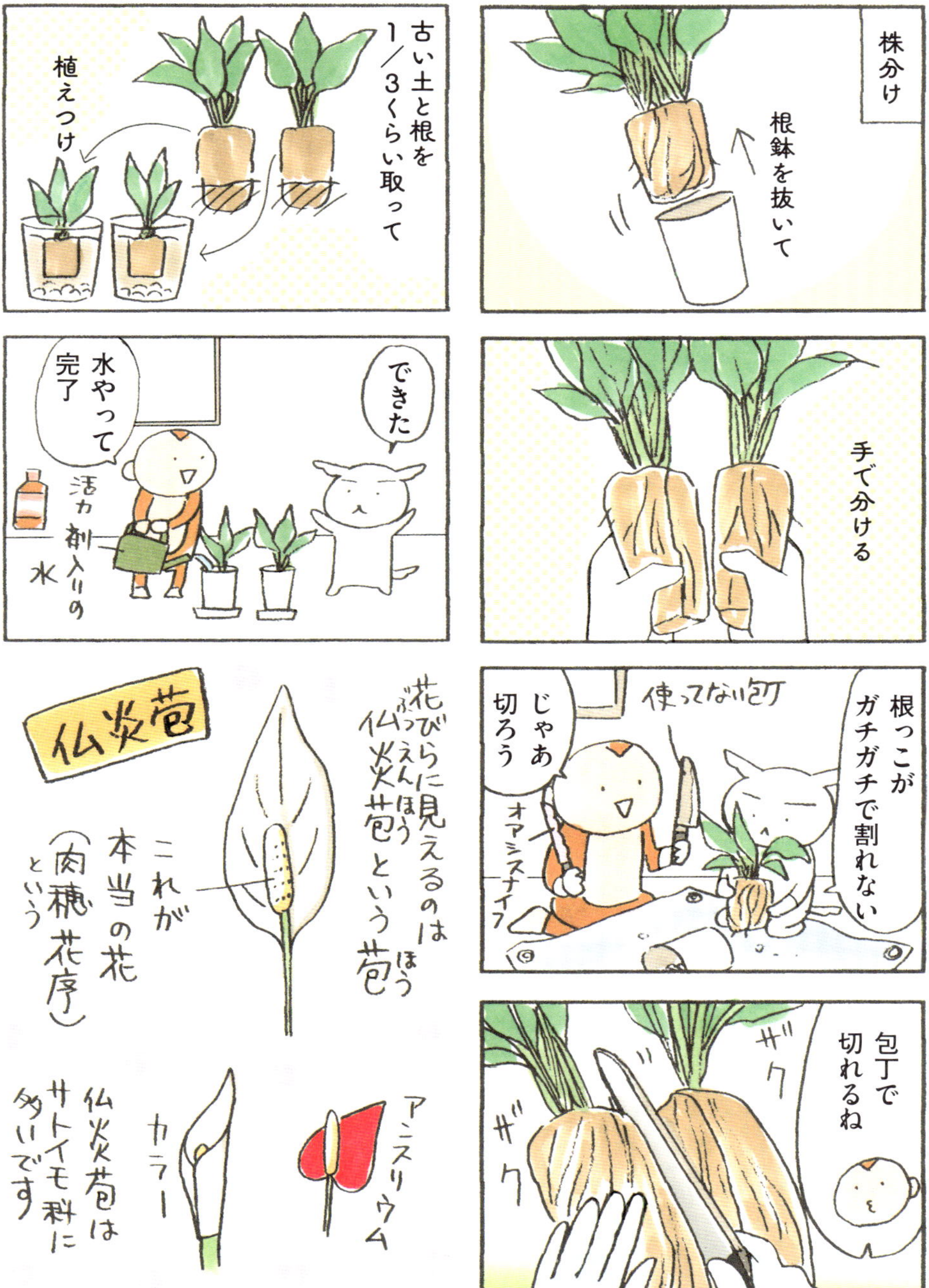

株分け
根鉢を抜いて
手で分ける
根っこがガチガチで割れない
使ってない包丁
じゃあ切ろう
オアシスナイフ
包丁で切れるね
ザク
ザク
古い土と根を1/3くらい取って
植えつけ
できた
水やって完了
活力剤入りの水
仏炎苞
花びらに見えるのは仏炎苞《ぶつえんほう》という苞《ほう》
これが本当の花
(肉穂花序という)
アンスリウム
カラー
仏炎苞はサトイモ科に多いです

名前

アフェランドラ・ダニア

別名：ゼブラプラント

キツネノマゴ科

高さ：20〜50cm程度

花期：夏〜秋

明るい場所を好む

葉脈の模様も黄色い花も鮮やか！

花が咲く観葉植物の中でも人気のダニア。明るい黄色の花と、葉脈に沿って入る白い斑がきれいです。コンパクトに育てやすいです。

直射日光を避けて明るい場所で育てます。日照時間が短いと花が咲かないことがあります。

水やりは乾いたらたっぷりと。冬は控えめにしてください。真夏の水やりは涼しい時間帯に。空気中の湿度を好むので、葉水はこまめにあげましょう。冬の葉水は暖かい時間帯に。

肥料は生育期間中は10日から2週間に一度、液体肥料で追肥します。花後は花穂の下で切り戻しておくと、次の花芽が上がってきます。四季咲き性なので、春から秋はポツポツと花を咲かせてくれます。

比較的暑さには強いのですが、寒さに弱いので15度以下になる場合はビニール袋や発泡スチロールの箱に鉢を入れて寒さ対策したほうが安全です。2〜3年ごとに植え替えましょう。植え替え適期は春と秋です。

虫がつきやすいのがやや難点です。アブラムシやカイガラムシは放っておくと樹が弱るので、なるべく駆除しましょう。

ダニア
仕入れたん
だけどさー
ひとつも花が
咲いてないのよ
咲いてないと
売れないかな
うーん
どうだろ
1か月後
花が咲いたら
売れました
よかった
ある暑い
夏の日
花福
あれ
日陰に置いてる
のに
ぐね
ぐね
暑さで
ぐねぐねに!!
冷房の効いた
室内に入れたら
生き返った
暑さに強くても
東京の猛暑は
暑すぎると判明

名前

ブライダルベール

ツユクサ科

高さ：20～40cm程度

花期：4～10月

明るい場所を好む

暖かく日当たりがよいと長い間花が楽しめる

白い小花がしだれるさまが花嫁のベールを思わせることが名前の由来です。春から秋まで長く咲きます。さらに生育環境がよいと周年花を咲かせます。

日に当たると花つきがよくなるので、一年を通してなるべく日当たりのよい場所で育てます。日当たりが悪いと花つきが悪くなるだけでなく、徒長してヒョロヒョロになります。真夏は直射日光は避けて明るい日陰に置いてください。水は乾いたらたっぷりと。冬の水やりは控えめにし、暖かい時間帯に行います。

つるが長く伸びるので、草姿が乱れたら適宜切り戻して整えます。生育旺盛なので、どこで切ってもだいじょうぶ。暖かい時期なら短く切り詰めてもすぐに生えてくるので形を整えやすいです。切った枝は挿し穂にできます。植え替え適期は5～9月。2～3年に一度は植え替えましょう。

春から秋の暖かい時期は外に出しておいてもだいじょうぶ。霜の降りない暖地なら戸外で冬越しもできます。地上部は枯れこみますが、春になると芽が出てきます。

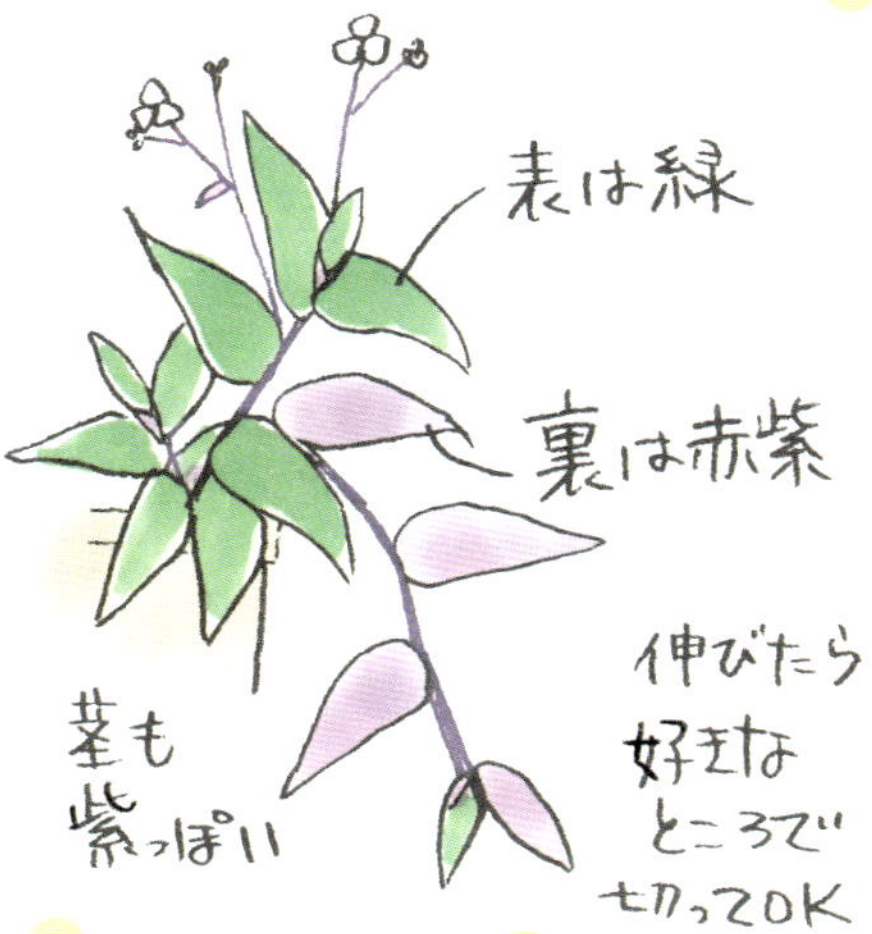
表は緑
裏は赤紫
伸びたら好きなところで切ってOK
茎も紫っぽい

ブライダルベールっていつまで咲く?
春から秋まで長ーく咲くよ
ホント〜?
ホントだって
3月
11月
ホントにずっと咲いてる
だから言ったじゃん

丸っこく仕立てるのが定番ですが

伸ばしてもカッコイイよ

名前

グズマニア

パイナップル科

高さ：20～50cm

花期：5～10月

明るい場所を好む

花（花苞）は3か月以上楽しめますが、色あせたら根元で切ります。葉が乾燥するときは、ときどき葉水をあげて。ほこりもたまに拭き取ります。

カラフルな花が元気いっぱいの観葉植物

鮮やかな花色がトロピカルな雰囲気の、花の咲く観葉植物です。花に見えるのは花苞《かほう》で、本当の花は花苞の上の部分に咲きます。花苞は長く楽しめます。

直射日光を避け、レースのカーテン越しなど明るい場所で育てます。暗いと花色が悪くなったり生育が悪くなったりします。

水は葉のつけ根の筒状になったくぼみにためます。1週間に一度は新しい水に入れ替えてください。寒くなってきたら徐々に水やりを減らし、冬は1週間に一度あげて夜は水を捨てます。

花が終わると子株が出てきて親株が枯れます。子株の葉が10枚以上になったら、子株を切り離して植え替えをします。グズマニアは着生植物で、保水力のある土に植えると根腐れしやすくなってしまうので、水苔に植えます。

肥料は春と秋の生育期に液体肥料または緩効性の置き肥を追肥してください。

子株が成長して花が咲くまでに3～4年かかります。開花促進に切ったリンゴと鉢をビニール袋に入れて1日に一度空気を入れ替えつつ5日ほど入れておくと、数か月で花が咲きます。

グズマニアの水やり
ここに注目
冬は1週間に一度水を注いで
ここに水をためます
夜は水を捨てておこう
はーい
じゃばば
1週間に1回くらい水を入れ替えてね
どうやんの？
これでいいんじゃない
古い水があふれるまで入れる
どぼぼ
なるほど
花が終わるとこの株は枯れる
子株
親株を切って子株を育てる

名前

ネペンテス

ウツボカズラ科

高さ：20〜40cm程度

花期：6〜7月

明るい場所を好む

高温多湿を好む
ユニークな形の食虫植物

ぶら下がる捕虫袋がユニークな食虫植物です。ネペンテスとはウツボカズラ属の食虫植物の総称で、とてもたくさんの品種があります。日本で多く流通しているのはネペンテス・アラータという品種で、別名ヒョウタンウツボカズラ。緑色で細長い捕虫袋を持っています。

生花店や園芸店では春から夏にかけて多く出回っています。冬は少ないです。

熱帯のジャングルなどに自生しているので、気温20〜35度、湿度70パーセント以上の高温多湿な環境を好みます。直射日光は避け、日当たりのよい場所でこまめに葉水を与えて多湿な環境に近づけましょう。水やりは乾いたらたっぷりと。冬は葉水をあげつつ土は乾かしぎみにします。

ほかの植物に寄りかかって成長する植物なので、根は小さく、市販されているものは水苔に植えつけられています。一年に一度水苔を取り換えましょう。根を傷めないようにやさしく扱ってください。植え替え適期は6〜8月です。

肥料が多すぎると捕虫袋ができにくいので、追肥は生育期間に緩効性肥料を月に一度程度で十分です。寒さに弱いので、冬はビニール袋で囲うなど、なるべく暖かい環境をつくりましょう。

ネペンテスの袋ができないよー
葉っぱばっかり
あれって難しいよね
ネペンテスは寒さに弱いので気をつけて！
枯らしたことあり
暗いと袋ができないので直射日光を避け明るい場所で
植物用のLEDライトを使ってもよし
捕虫袋
ふた
えり
虫がすべりやすい
翼《よく》
葉の先が伸びて袋ができる
虫を消化する液
高温多湿を好むので葉水をあげよう
代表的な品種
ベントーラ
レディラック
アラータ
水槽とか衣装ケースに入れてる人もいるみたい
少しあける

Column 1

観葉植物につきやすい虫

❶ハダニ

葉の裏について汁を吸う。
葉に白や黄色の斑点ができる
→水で洗ったり、葉水をやったりするとよい

クモの巣
みたいなものが張る

❷カイガラムシ

葉や幹、茎から汁を吸う。
排泄物はベタベタする

幼虫 →殺虫剤が効く

成虫 →殺虫剤が効きにくいので捕殺

❸アブラムシ

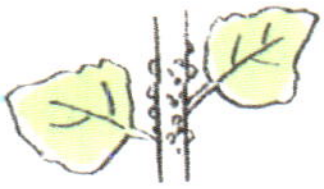

葉や幹、茎から汁を吸う
→捕殺するか殺虫剤を使う

❹コナジラミ

葉の裏について汁を吸う
→水で洗うほか、
牛乳散布や殺虫剤が効く

常に風通しよく！

虫を寄せつけないために

◎乾燥すると虫がつきやすいので葉水をやる
◎皿に水をためない

多肉植物・エアプランツ

名前

サボテン

サボテン科

高さ：20〜180cm程度

花期：品種により異なる

直射日光もOK

個性的な形がいろいろ。日当たりのよい場所で

サボテンは大きく分けると玉サボテン、柱サボテン、ウチワサボテン、ヒモサボテンがあります。それぞれ特徴がありますが、花を咲かせたい場合は、初めから花が咲いているもの、つぼみがついているもの、花が咲く品種を購入します。

サボテンは砂漠など乾燥した場所に自生しているので暑さ寒さには強いですが、高温多湿の日本の夏に苦手です。水やりは春と秋の生育期は土が乾いたらたっぷりと、夏はほぼ休眠しているので控えめに、土の表面が乾いて3〜4日してからあげます。冬は休眠期なので月に一度ほどで十分です。

サボテンは日光を好むので本来は戸外で育てたほうがよいのですが、室内で楽しむ場合は、なるべく日当たりのよい場所で育てます。暗いと徒長したり、根腐れしたりするので注意しましょう。肥料はあまり必要ありません。生育期の春か秋に少量与えるか、植え替え時に固形肥料を少量入れておけばよいでしょう。

2年に一度は植え替えましょう。作業の際はトゲに気をつけて手袋やピンセットなどを使ってください。

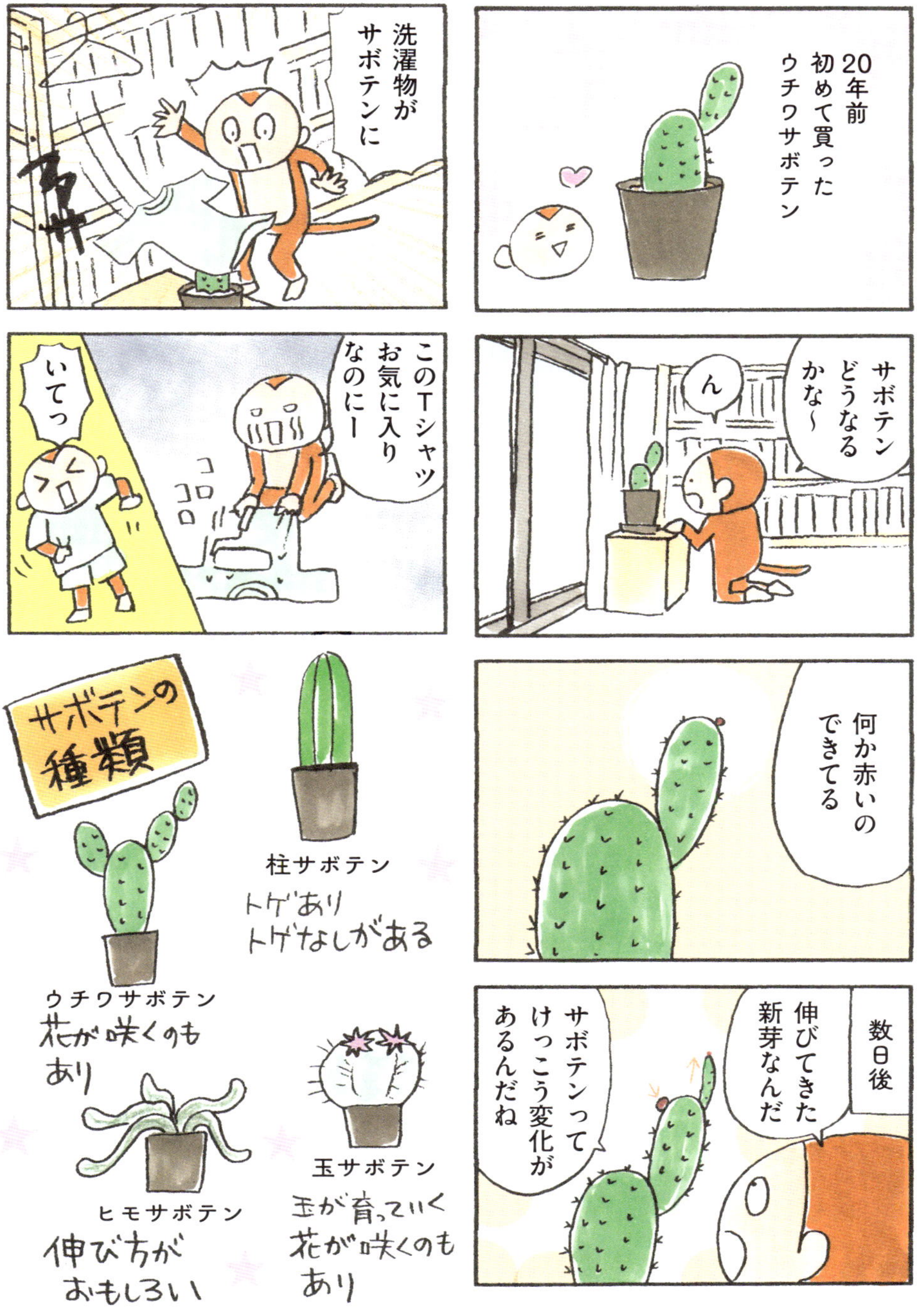
20年前
初めて買った
ウチワサボテン
サボテン
どうなる
かな～
ん
何か赤いの
できてる
数日後
伸びてきた
新芽なんだ
サボテンって
けっこう変化が
あるんだね
洗濯物が
サボテンに
このTシャツ
お気に入り
なのにー
いてっ
サボテンの
種類
ウチワサボテン
花が咲くのも
あり
柱サボテン
トゲあり
トゲなしがある
ヒモサボテン
伸び方が
おもしろい
玉サボテン
玉が育っていく
花が咲くのも
あり

名前

唐印

別名：デザートローズ

ベンケイソウ科

高さ：20cm

花期：2～3月

季節に応じた色合いの変化が楽しい

秋に真っ赤に紅葉する姿が大変美しく、別名デザートローズと呼ばれています。春から夏は緑、秋から冬は赤と季節によって色の変化を楽しめる多肉植物です。

唐印《とういん》はベンケイソウ科カランコエ属で、寒さにやや弱いです。日当たりが悪いときれいに紅葉しないので、日当たりのよい場所で育てましょう。春暖かくなってくると紅葉の色があせてきて緑に変化していきます。

水は年間通して少なめに。土がしっかり乾いてから水やりします。葉にしわが寄ってきてからでも間に合います。過湿を嫌うので、夏に外に出している場合は雨に当たらないように注意しましょう。肥料は春に少量追肥する程度で十分です。

植え替えは3～5月が適期です。多肉植物用の土など、水はけのよい土に植えます。子株が増えてきたら切り離して株分けできます。子株には根も生えているので、根ごとナイフで切り離し、数日切り口を乾燥させてから植えつけます。挿し木でも増やすことができます。

明るい場所を好む

11月に仕入れたら
しおしお
唐印
唐印って寒さに弱いのね
家に持って帰るか
花福
12月にこんなでしたが
7月にはこんなです
4月から外に出したよ
風の強い日
ビュウウウウ
唐印が倒れてる
折れてる
ポッキリ
そのまま土に挿したら根づいたようです
よかった

名前

アガベ・アテナータ

キジカクシ科
高さ：20〜100cm程度
花期：ほぼなし

直射日光もOK

野性的なフォルムで暑さにも強い

アガベはキジカクシ科の多肉植物の総称で、たくさんの品種があります。北アメリカ南部から南アメリカに自生していて、多くは乾燥や暑さ寒さに強いです。鋭いトゲを持つものが多く、ロックガーデンなどにも人気です。手のひらサイズのものから1メートル以上の大きなものまで、いろいろ出回っています。

　アテナータは、アガベでは珍しく鋭いトゲがないので扱いやすくておすすめです。アガベの中ではやや寒さに弱いほうですが、室内で栽培するのなら問題ありません。

　日光を好むので、なるべく日当たりのよい場所で育てます。葉焼けするので、真夏の直射日光は避けてください。乾燥を好みますが、春と秋の生育期は土が乾いたらたっぷりと水やりを。肥料もこの時期に。真夏は生育が鈍るので水やりもやや控えめに。冬は休眠期間なので断水ぎみにします。

　多肉植物は全般に外の風を好みます。なるべく風通しのよい場所で育てましょう。サーキュレーターを回すのも効果的です。

　植え替え、株分け、挿し木は春が適期です。子株が出やすいので切り取って簡単に挿し木できます。かならず水はけのよい土に植えてください。

わが家では アガベ・アテナータは 春〜秋は外に出してます
外のほうが育ちがいいんだよね
3月
芽が出てきた
冬になり
部屋の中いっぱいだから きみは外でいいか
去年も出しっぱなしだったし
新芽を切って挿し芽に
観葉植物の土
ナイフ
根づくまで半日陰
外で様子をみます
2月
寒さで枯れちゃったかも
シオ
シオ
3か月後
新芽がどんどん出てきた
よかった
意外と成長が早いぞ
とりあえず傷んだ葉を取り除き
様子をみることに
そして今年は室内で冬越ししました

名前

シャコバサボテン

別名：デンマークカクタス、クリスマスカクタス

サボテン科
高さ：～20cm
花期：11～3月

明るい場所を好む

色鮮やかな花が咲く トゲのないサボテン

サボテンといえばトゲがあるものですが、シャコバサボテンにはトゲがなく、冬に鮮やかな花を咲かせます。別名はデンマークカクタス、クリスマスカクタス。和名のシャコバサボテンはシャコに似ていることからきています。秋から冬にかけて多く出回ります。

真夏の直射日光は避けて日当たりのよい場所で育てます。春から秋は外に出して日に当てて、冬は室内で育てるのが基本です。寒さに弱いので最低気温が10度を切ったら室内に移します。

短日植物なので、日が短くなってくると花芽をつくり始めます。夜も明るい場所に置くと花芽がつかないのでご注意を。つぼみが小さいときに置き場所を変えたり暖房の風が直接当たったりするとつぼみが落ちやすくなってしまいます。

水やりは春と秋の生育期はたっぷりと、夏と冬は控えめに。冬はほとんどやらなくても問題ありません。3～5月の生育期に緩効性の置き肥で追肥します。1～2年ごとに植え替えましょう。根鉢の下を1／3ほど取り除き、元肥を少し入れた多肉植物用の土に植えつけます。

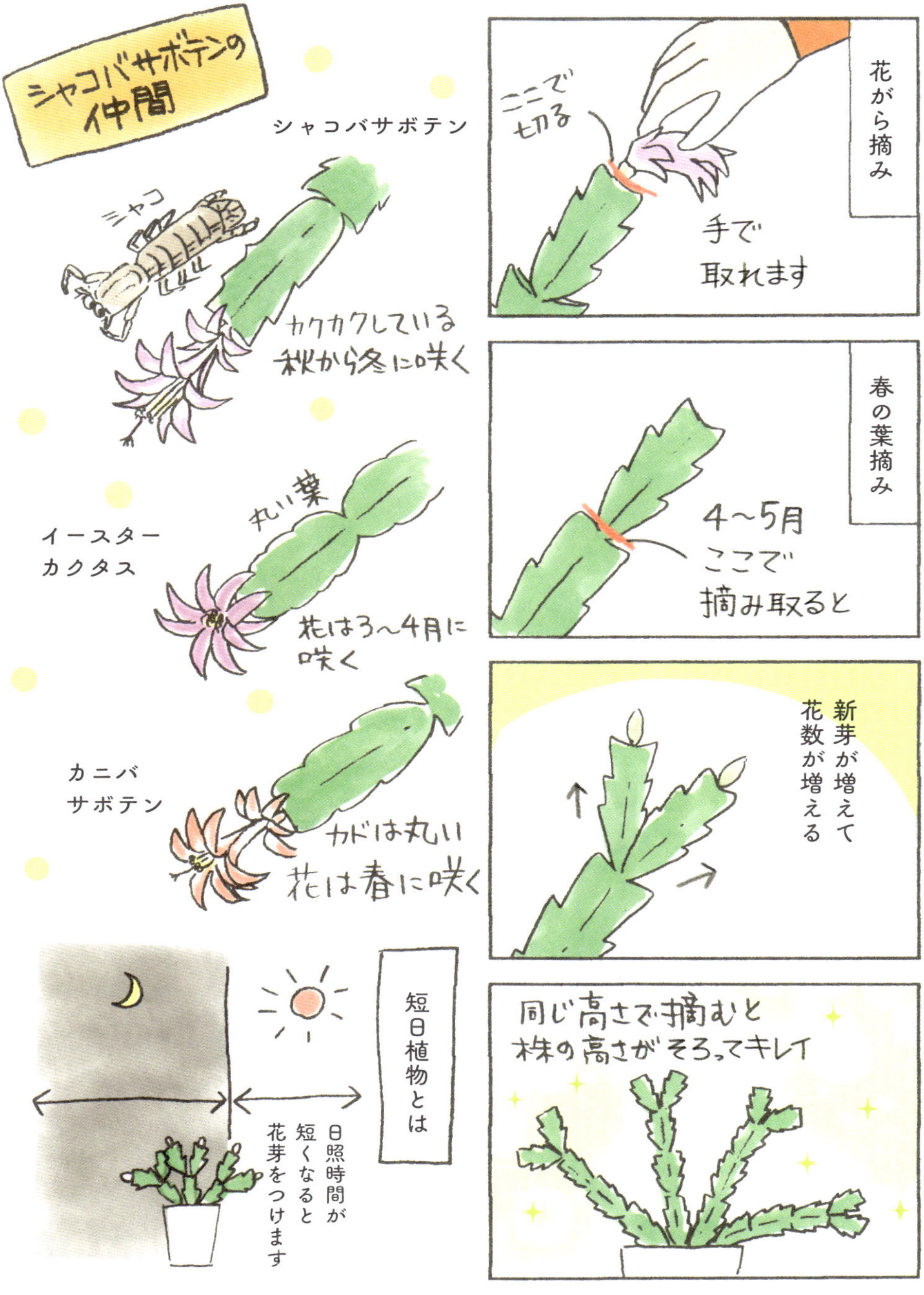
シャコバサボテンの仲間
シャコバサボテン
シャコ
カクカクしている
秋から冬に咲く
イースター
カクタス
丸い葉
花は3〜4月に
咲く
カニバ
サボテン
カドは丸い
花は春に咲く
短日植物とは
日照時間が
短くなると
花芽をつけます
花がら摘み
ここで
切る
手で
取れます
春の葉摘み
4〜5月
ここで
摘み取ると
新芽が増えて
花数が増える
同じ高さで摘むと
株の高さがそろってキレイ

名前

グリーンネックレス

キク科
高さ：～20cm程度
花期：秋～冬

明るい場所を好む

コロコロした葉には水分が蓄えられています

丸いネックレスのような葉がかわいい、つる性の多肉植物です。ぶら下がるツルは1メートルくらいまで伸びます。ハンギングバスケットなどで吊り下げても楽しめます。暑さ寒さに強いので育てやすいです。

品種もいろいろあり、細長い葉のルビーネックレスや桃のような形のピーチネックレスも人気です。

日光を好むので、夏の直射日光だけ避けてなるべく明るい場所で育てます。多肉植物の中では比較的水を好むので、春と秋の生育期は土の表面が乾いたらたっぷりと水やりします。夏と冬は乾かしぎみに。パリパリになっても水やりすると戻ることが多いです。

水が株元にたまっていると根腐れしやすく、蒸れるので、なるべく風通しのよい場所に置きましょう。春と秋の生育期に2週間に一度液体肥料で追肥します。

秋に香りのよい花が咲きます。短日植物なので日が短くなってくると花芽がついてきます。明るいと花芽がつかないので13時間以上暗くなるように午後5時ごろから朝8時ごろまで遮光しましょう。

植え替えは春が適期です。1～2年に一度は植え替えましょう。水はけのよい多肉植物用の土に植えつけてください。挿し木や株分けで簡単に増やせます。

グリーンネックレス枯れた
1週間後
生き返ってる
スゴイ
水やってた？
多肉って水やらなくていいんじゃないの？
じゃあ今度から乾いたら水やりしてね
はーい
春と秋はあげないとダメだよ
全然やってなかった
水やりしてから2～3時間腰水につけといたら？
鉢の高さの半分くらいの水につける
カットした茎を水挿しして発根したら
根は土に埋める
土に植えてもよい
多肉植物用または赤玉土や鹿沼土など水はけのよい土で
花

名前

金のなる木

別名：クラッスラ・ポルツラケア

ベンケイソウ科

高さ：20〜100㎝程度

花期：12〜3月

明るい場所を好む

日当たりと風通しがよければ健康に育ちます

ぷっくりした葉がかわいい、強靭《きょうじん》で育てやすい多肉植物で、冬に花が咲きます。かつて幹に五円玉をくくりつけて仕立てたものがはやりました。そのときについた名前が金のなる木です。

日当たりを好みます。真夏の直射日光だけ避け、日当たりと風通しのよい場所で育てます。寒さにやや弱いので、冬は暖かい場所で。夏は外の半日陰に置くのもおすすめです。水やりは乾いたらたっぷりと。冬の水やりは控えめに。2〜3週間に一回、少量で十分です。

花が咲かない原因はだいたい以下の4つです。①日照不足。十分な日照量がないと花芽がつきません。②夏に水をやりすぎる。7〜9月は葉にしわが寄ってから水やりするなど断水ぎみにすると秋から花芽がつきやすくなります。③剪定時期の間違い。夏に花芽をつくり始めるので、夏以降に剪定してしまうと花が咲きません。④品種。花が咲きやすい品種と咲きづらい品種があります。大株にならないと咲かないものもあるので購入時に確認しましょう。「花月」がつく品種は小さくても花が咲くものが多いです。

寒くなってくると赤っぽく紅葉し、春に暖かくなってくると緑色に戻ってきます。葉色の変化が楽しめるのも魅力です。

金のなる木の葉っぱが取れたので
カレーリーフ
とりあえずここに挿しとこう
2年後
軒を貸して母屋を取られた
でっかくなっちゃった
金のなる木は
重いので
倒れやすい
重めの鉢カバーに入れるといいよ
おまけ
金のなる木はいつの間にか増えている

名前

チランジア・カプトメデューサ

パイナップル科
高さ：10〜20㎝程度
花期：春〜初夏

明るい場所を好む

うねった髪の毛のような葉が名前の由来

カプトメデューサはギリシャ神話のメデューサの髪のようにウネウネした葉が特徴です。エアプランツは土がいらないので、室内のどこにでも飾れて人気です。ほかの植物や岩などに

根を張って生きる着生植物なので、土がいりません。水分はトリコームという葉の表面を覆う白い産毛から吸収しています。

なるべく風通しのよい場所で育てましょう。蒸れに弱く、閉め切った部屋は苦手なので、サーキュレーターを回したり窓を開けたりしてなるべく風に当ててください。乾きがよいので、ぶら下げるのがおすすめです。

夏だけ半日陰の涼しい場所に置きます。寒さに弱いので、冬は日当たりのよい暖かい場所に置きましょう。

エアプランツというと水やりは不要だと思われがちですが、そんなことはありません。暖かい時期は週に2〜3回、夜に水やりしてください。霧吹きで水を吹きかけるミスティング、短時間水に浸すディッピング、どちらでもかまいません。冬は週に1回程度暖かい時間帯に。水やり後はしっかり風に当てて乾かしましょう。水分が長時間残っていると株が傷み、枯れる原因となります。肥料はあまり必要としません。

エアプランツとの出合いは20年前
わーおもしろーい
土がいらないんだー
花屋になる前
チランジア・カプトメデューサ
育て方がわからないけど
置いとけばいいのかね?
枯れた
パリーパリ

エアプランツの水やり
ミスティング
ディッピング
数秒水に浸す
どぶん
ミスティングでもいいけど
こっちのが楽だよね
よく水をきる
ぶら下げるといいよ
よく風の当たるところに置く

名前

チランジア・イオナンタ・フエゴ

パイナップル科
高さ：10〜20cm程度
花期：秋〜春

明るい場所を好む

開花時に葉が赤く染まる様子が美しい

エアプランツの中でも花が咲くので人気の品種です。手のひらサイズのものが主流です。条件がよいと花後に子株が次々と生えてきます。子株が成長して群生した姿をクランプといいます。このクランプを育てるのがイオナンタを育てる醍醐味です。

イオナンタにも多くの種類がありますがフエゴはとくに紅葉が美しい品種です。フエゴはスペイン語で炎を意味し、秋に紫色の筒状の花を咲かせます。ふだんの葉色はトリコームが少なめな緑色で、開花期に真っ赤に紅葉します。

日当たりを好みますが、やや葉焼けしやすいので夏は直射日光を避けて明るい場所で育てます。もともとほかの植物や岩に根を下ろす着生植物なので、ハンギングに向いています。吊ることで乾燥しやすく見た目もよいのでおすすめです。

水やりは週に2〜3回ミスティングまたはディッピング（123ページ参照）します。水やり後はよく風に当てて乾かしてください。寒さに弱いので、冬は水を控えめにして休眠させます。10度まで耐えられますが、なるべく15度くらいを保つように日当たりのよい暖かい場所に置きましょう。冬の窓辺は夜間冷え込むので、窓から少し離して置きましょう。

花福営業時
イオナンタ・フエゴ仕入れてみた
かわいーひとつちょーだい
花が咲いてる
花が終わったら色が変わってきた
けっこう変化が楽しめます
ちっこい新芽が出てきた
イオナンタ・フエゴは子株ができやすいよ
この子株が群生したものをクランプといいます
花後に子株ができる
年数を経てたくさん子株が出るとボール状のクランプになる
これも大きくなるかな～

名前

ウスネオイデス

別名：スパニッシュモス

パイナップル科

高さ：10〜40cm程度

花期：3〜5月

明るい場所を好む

風通しのよいところにぶら下げて

長く垂れ下がる葉がユニークで個性的なエアプランツです。着生植物なので土に植えなくても育てられます。天井や壁にぶら下げられ、インテリア性が高いエアプランツです。

ウスネオイデスの栽培のポイントは、なんといっても風通し。とにかく風を好みますから、壁から少し離して飾るとよいでしょう。窓辺など常に風が当たる場所がおすすめ。寒さに弱いので、冬は暖かい場所で。葉焼けしてしまうので夏の直射日光は避け、そのほかの季節はなるべく明るい場所に置きましょう。

春と秋の生育期は2〜3日に一度ミスティングやディッピングで水をやり、風に当てて乾かします。水やりは夕方から夜に。冬は控えめに。水にぬれてから長い時間乾かないと腐りやすいので、とにかく短時間で乾かすようにしましょう。乾きが悪いときはサーキュレーターや扇風機を使うのも効果的です。

水が足りないと全体的にパリパリしてくる、葉が強くカールする、葉先が枯れるなどの症状が出ます。部分的に枯れても節から新芽が出ていたりするので、すぐにあきらめず、観察してみてください。

土がいらないといっても植物なので、それなりのお世話が必要です。

エアプランツの水やりというと
①霧吹きでミスティング
②ディッピング
オレが昔スパニッシュモス育ててたときは
風呂場にぶら下げてて
たまにシャワーかけてた
窓を開けっ放しなのでいつも風に吹かれていて
すぐ乾く
けっこう大きくなりました
エアプランツって条件がいいとけっこう成長が早いよな
そうだね
動きがあるよね
ウスネオイデスは太いのと細いのがあります
太葉
細葉
育て方は同じです

Column 2

鉢の選び方

素材

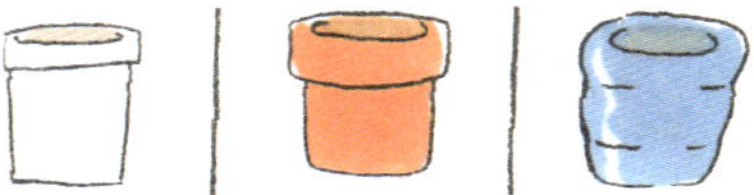

	プラスチック	素焼き	陶器
強度	○	×	×
軽さ	○	×	×
通気性	×	○	×

大きさ

1号＝3cm

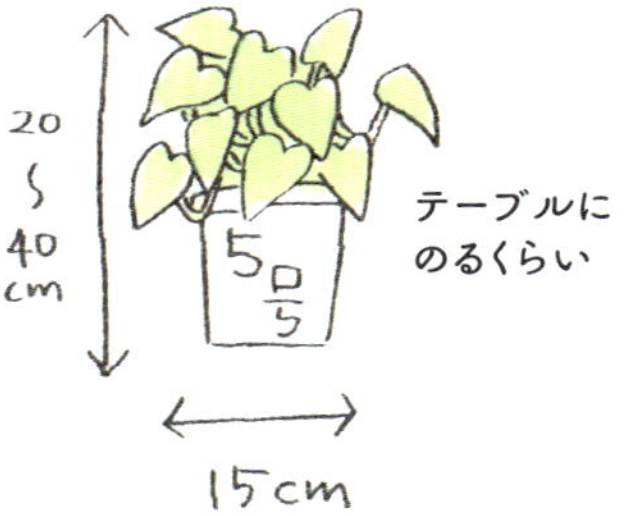

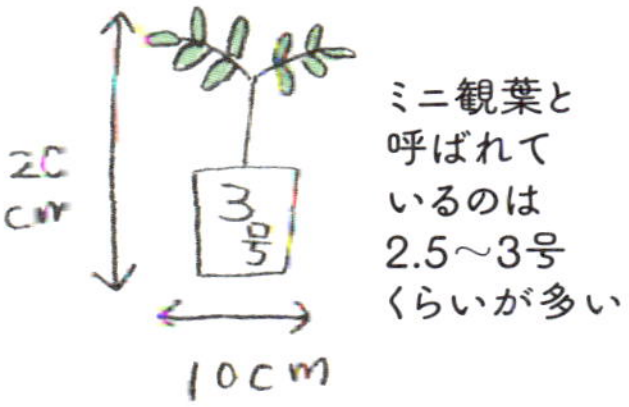

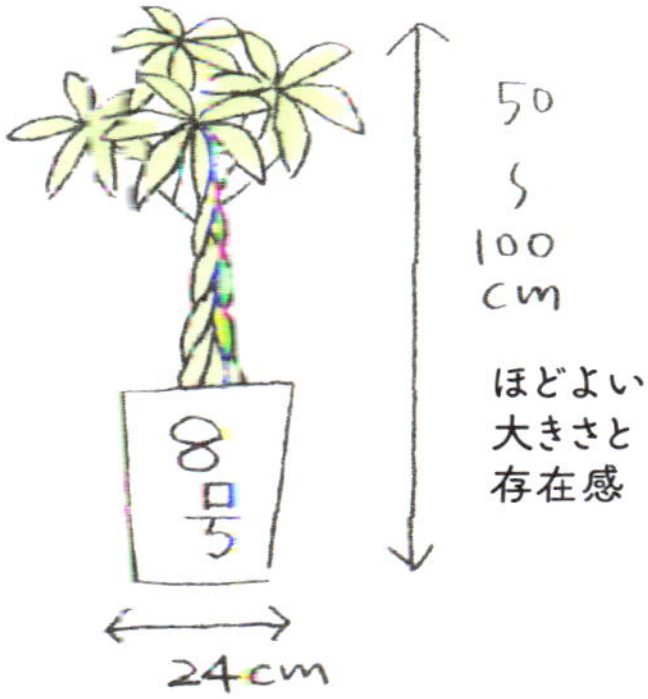

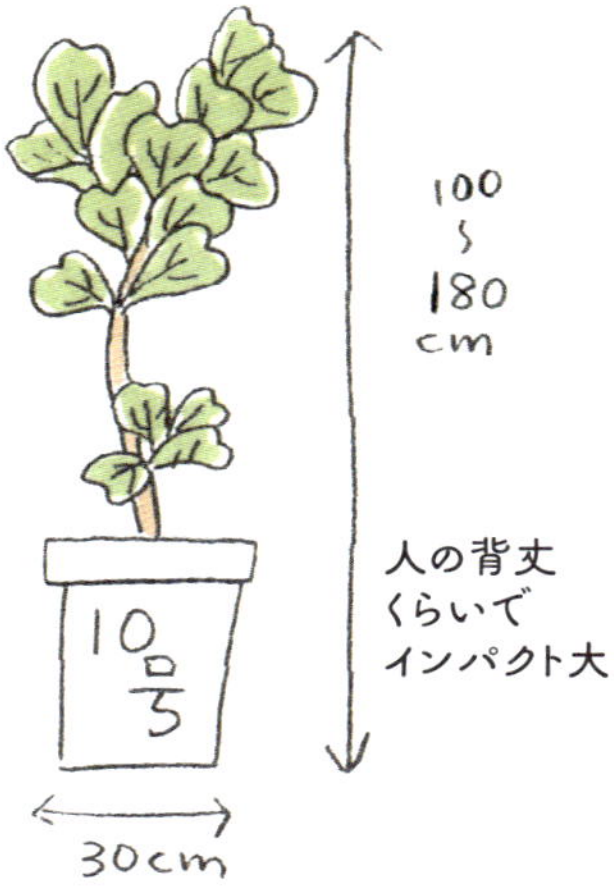

花を楽しむ植物

名前

サイネリア

キク科

高さ：30～50㎝

花期：11～5月

直射日光もOK

冬に室内で楽しめる貴重な花もの

冬の室内花として人気のサイネリア。開花期間が長く花色も豊富で秋から春まで楽しめます。夏の暑さが苦手なので、日本では一年草扱い。出始めのころは英名の「Florist's Cineraria」からシネラリアと呼ばれていましたが、縁起が悪いということでサイネリアに変わりました。

日当たりのよい場所で育てます。暖房の風が直接当たらないようにしてください。室内置きで気温が上がってくると、アブラムシが発生しやすいです。手で取るか、薬剤などで対応しましょう。また、風通しが悪いとハダニがつきやすいので、なるべく風通しよくしてください。

開花中は1～2週間に一度液体肥料で追肥すると花つきがよくなります。水は土が乾いたらたっぷりとあげましょう。

夏越しに挑戦するなら、花後に切り戻して戸外の日陰に置いて水やりしてください。切り戻した花は花瓶に生けて楽しむことができます。

サイネリアの園芸種、木立ち性セネシオのセネッティや桂華は、草丈が高く花つきがよい人気品種です。従来のサイネリアより寒さに強く、花つきがよいので近年多く出回っています。

花がらは
ここで切る
二番花が終わったら
半分くらいに切り戻します
日当たりのよい場所で液体肥料で追肥しつつ待っていると
また咲いてくるよ
サイネリアにアブラムシがついた
アブラムシは暖かくなるとつきやすいよね
花汁を吸いやがって
①手で取る
②テープで葉や茎を傷めないように取る
③殺虫剤を使う
④虫が嫌がる忌避剤を使う（木酢液やニームオイルなど）
どれかだねー
④かな～

名前

ルクリア

別名：アッサムニオイザクラ

アカネ科

高さ：～30cm程度

花期：11～12月

明るい場所を好む

秋冬は室内で花を楽しみ春夏は戸外で管理します

　ピンクの香りのいい花がかわいいルクリア。自生地はヒマラヤからネパール、中国の雲南省です。常緑で開花期は11～12月ですが、10月ごろから出回ります。

　基本的に花時期は室内で楽しみ、4月から10月くらいまでは戸外の涼しい半日陰で管理しましょう。短日植物なので日が短くなると花芽をつけます。9月以降、夜は電灯のない暗い場所に置いてください。11月に室内に移します。

　水は土の表面が乾いたらたっぷりとあげますが、冬は控えめにします。水切れや急な温度差でつぼみが落ちやすいので注意しましょう。冬の室内では、暖房の風が直接当たらない場所に置いてください。

　植え替え適期は4～5月です。根が細くて弱いので、根鉢を崩さずにやさしく扱ってください。水はけのよい土が適しています。赤玉土4、鹿沼土4、ピートモス2の配合土、もしくは培養土に赤玉土や鹿沼土を混ぜてなるべく水はけをよくします。元肥は入れずに春と秋に緩効性の置き肥で追肥しましょう。

　夏に花芽をつけるので剪定は6月までにしましょう。

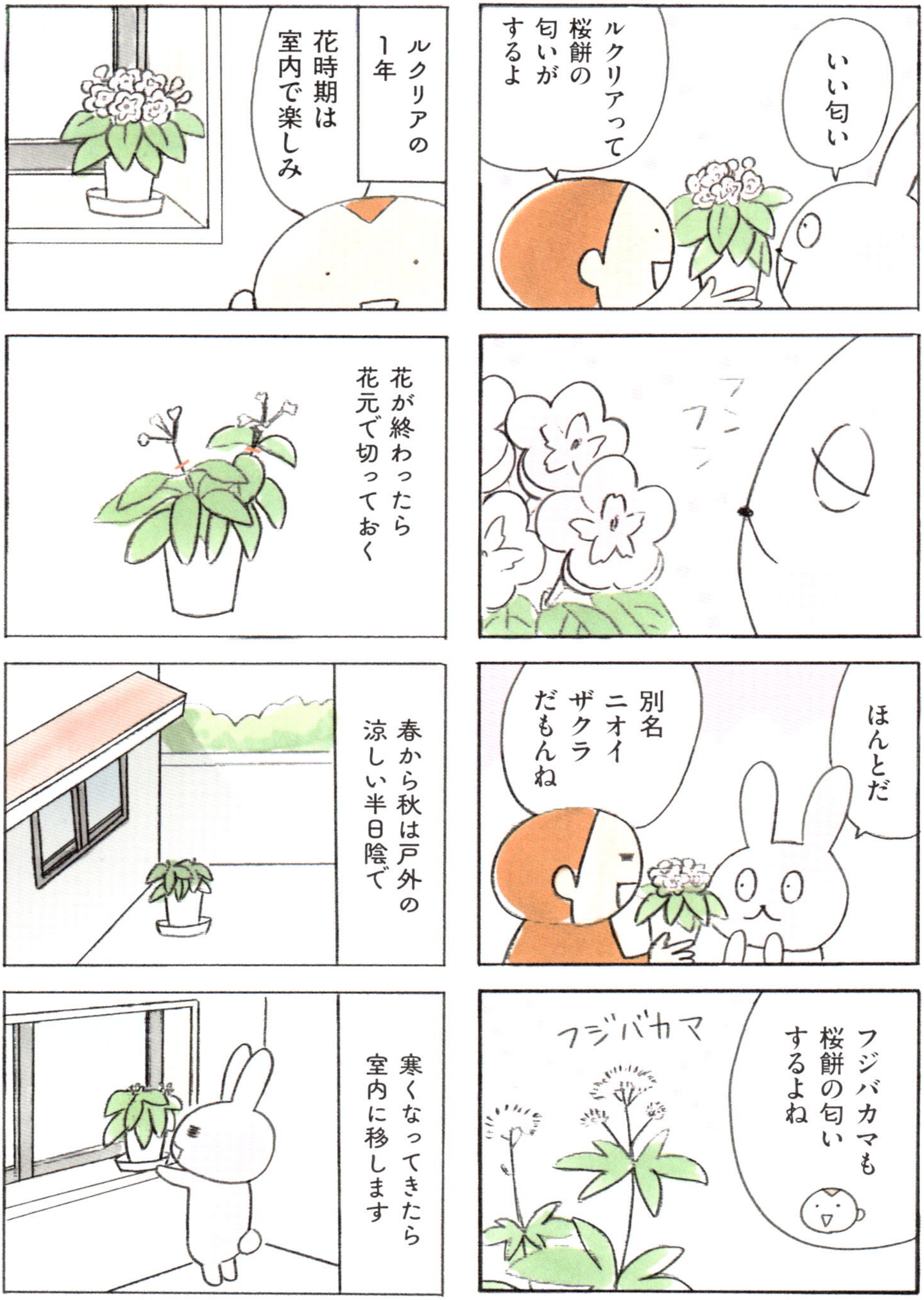

いい匂い
ルクリアって桜餅の匂いがするよ
フンフン
ほんとだ
別名ニオイザクラだもんね
フジバカマも桜餅の匂いするよね
フジバカマ
ルクリアの1年
花時期は室内で楽しみ
花が終わったら花元で切っておく
春から秋は戸外の涼しい半日陰で
寒くなってきたら室内に移します

名前

カランコエ

ベンケイソウ科
高さ：20～30cm程度
花期：12～6月

明るい場所を好む

鮮やかな色の花が咲く多肉植物の仲間

カランコエはベンケイソウ科カランコエ属の総称です。カランコエには花を楽しむものと多肉質の葉を楽しむものがあります。一般的に「カランコエ」というと花を楽しむ園芸種のブロッスフェルディアナ種のことをいいます。

日照時間が短いと花芽がつきにくいので、なるべく日当たりのよい場所で育てます。また短日植物なので、昼間の時間が12時間を切ると花芽をつけてきます。電気がついた部屋に置いているとなかなか花芽がつきません。夕方5時から朝7時くらいまで段ボールを被せて遮光してもよいですが、面倒なら夜は暗い部屋に置きましょう。短日処理を始めて30～40日くらいで花芽ができてきます。寒さに弱いですが、5度くらいまでなら耐えられます。

水やりは土がしっかり乾いてからにします。冬は水やりを控えることで耐寒性が増すので控えめに。

植え替え適期は春と秋です。多肉植物用の水はけのよい土に植えてください。肥料は春と秋の生育期に液体肥料または緩効性の置き肥で追肥します。葉挿しや挿し木で簡単に増やせます。

カランコエの仲間たち
カランコエ
花色は赤、ピンク、黄色など八重咲きもある
テッサ
ベル形の花がかわいい
プミラ
シルバーリーフにピンクの花の人気品種
ベハレンシス
テディ・ベア
葉を楽しむ

カランコエが溶けた〜
べしょ
冬も水やってたでしょ
うん
冬はあんまりあげなくていいよ
カラッカラに土が乾くまであげなくていいよ
ついついあげたくなっちゃうんだもん
ダメだ!! 耐えろ

名前

サンゴバナ

別名：フラミンゴプランツ

キツネノマゴ科

高さ：20～40cm程度

花期：5～9月

明るい場所を好む

サンゴのような形の花が個性的

明るいピンクの花が華やかな熱帯性花木です。四季咲き性なので、一定の気温があれば断続的に開花します。暑さに強いですが寒さに弱いので、日本では鉢植えで育てるのが一般的で、室内でも育てやすい植物です。

日当たりを好みます。日当たりが悪いと花つきが悪くなるので、なるべく日当たりのよい場所で育てましょう。ただし、夏の直射日光は葉焼けの原因になるので、避けてください。

水は乾いたらたっぷりとあげましょう。暖房や冷房の風は当たらないようにします。乾燥防止に、ときどき葉水をあげるとよいでしょう。寒いと葉が傷むので注意してください。

春と秋の生育期間中は1～2週間に一度、液体肥料で追肥します。緩効性の置き肥なら月に一度でだいじょうぶです。

1～2年ごとに植え替えましょう。植え替え適期は4～5月です。地植えにすると1メートルくらいになりますが、鉢植えならばそれほど大きくなりません。剪定は春か秋に行ってください。花が終わったら早めに花の下で切りましょう。切ると次の花が上がってきます。

伸びすぎた枝や込み合った枝は剪定して整えましょう。剪定適期は春です。

キツネノマゴ科でサンゴバナに似ている花
白い花
黄色い苞
パキスタキス・ルテア
暖かいと周年咲きます
苞
花
ベロペロネ
（コエビソウ）
これも暖かいと周年咲きます
サンゴバナは白もあるよ

花の咲き方
初めに緑色の苞《ほう》ができてきて
苞からつぼみが出てきます
花が終わったら花の下で切ると
また花芽が上がってきます

名前

チューリップ

ユリ科

高さ：～30cm

花期：3～5月

明るい場所を好む

水耕栽培は根の様子も楽しめます

春の花といえばチューリップ。水耕栽培で楽しむなら球根か球根つきの切り花を選ぶとよいでしょう。球根つきのチューリップは、球根なしのふつうの切り花のチューリップよりも、長い間楽しめます。

球根を水耕栽培する場合、秋から2か月ほど冷蔵庫で保存します。これを春化処理といいます。春に開花する球根は冬の寒さに当たってから花芽をつけるので、冷蔵庫で寒さを体験させるのです。あらかじめ春化処理してあるアイスチューリップ（冷蔵チューリップ）を購入してもよいでしょう。冷蔵庫から出したら、茶色い薄皮をむいてグラスなど水耕栽培の容器にセットして、球根の底がつかるくらいまで水を入れ、暗く涼しい場所で発芽を待ちます。水は毎日交換しましょう。

芽が出てきたら明るく日が当たる場所に移します。暖かすぎるとカビが生えやすいので、15度くらいが適温です。球根が腐らないよう、芽が出てきたら水は少なめにします。肥料はとくに必要としません。

水耕栽培は基本的に一回で終わりです。来年も咲かせてみたいなら、花後に花を根元から切ってそのまま育て、葉が枯れてきたら水から上げて乾燥させ、秋に植えつけてみましょう。

チューリップの水耕栽培って難しい？
球根からだとハードルが高かったら
球根つきのチューリップ買ってみたら？
もうつぼみがついてるからラクチンだよ
暖かいとすぐに咲いちゃうから涼しい場所に置いてね
水は浅め
すっごく水飲むね
ぐんぐん育つね
球根は芽が出たら日当たりのよい場所に
水は毎日替えよう
こんな小さいチューリップあるんだ
小さいのもかわいい!!
ハイドロボールや水苔を入れておくと安定します

名前

ヒヤシンス

キジカクシ科

高さ：～20cm程度

花期：3～4月

直射日光もOK

室内の涼しい場所に置くと長持ちします

香りがよく人気の早春の花です。球根、水耕栽培、鉢植えに切り花と、いろいろな楽しみ方ができます。ヒヤシンスにはダッチ系とローマン系があります。ダッチ系は多く出回っていて、1つの球根から1本の花茎を伸ばします。大きな花をたくさん咲かせるので、水耕栽培に適しています。ローマン系は花壇向きの品種で、花数が少なく野生味があるのが特徴です。

水耕栽培はチューリップなどと同様に球根を冷蔵庫に入れて春化処理します。2か月後に冷蔵庫から出して水耕栽培を開始、芽が出るまでは冷暗所で育てます。芽が出たら明るい場所へ移動し、水の量は根の先がつかる程度にします。水は週に1～2回交換します。根はかぶれやすいので、手袋をしたり直接触らないようにしましょう。

室温が高すぎるとぐったりしたり、花もちが悪くなったりするので、暖房のない明るい玄関などに置くとよいでしょう。球根内に栄養が詰まっているので、肥料はとくに必要ありません。花は下から順番に咲いてくるので、咲き終わるまで1か月くらい楽しめます。

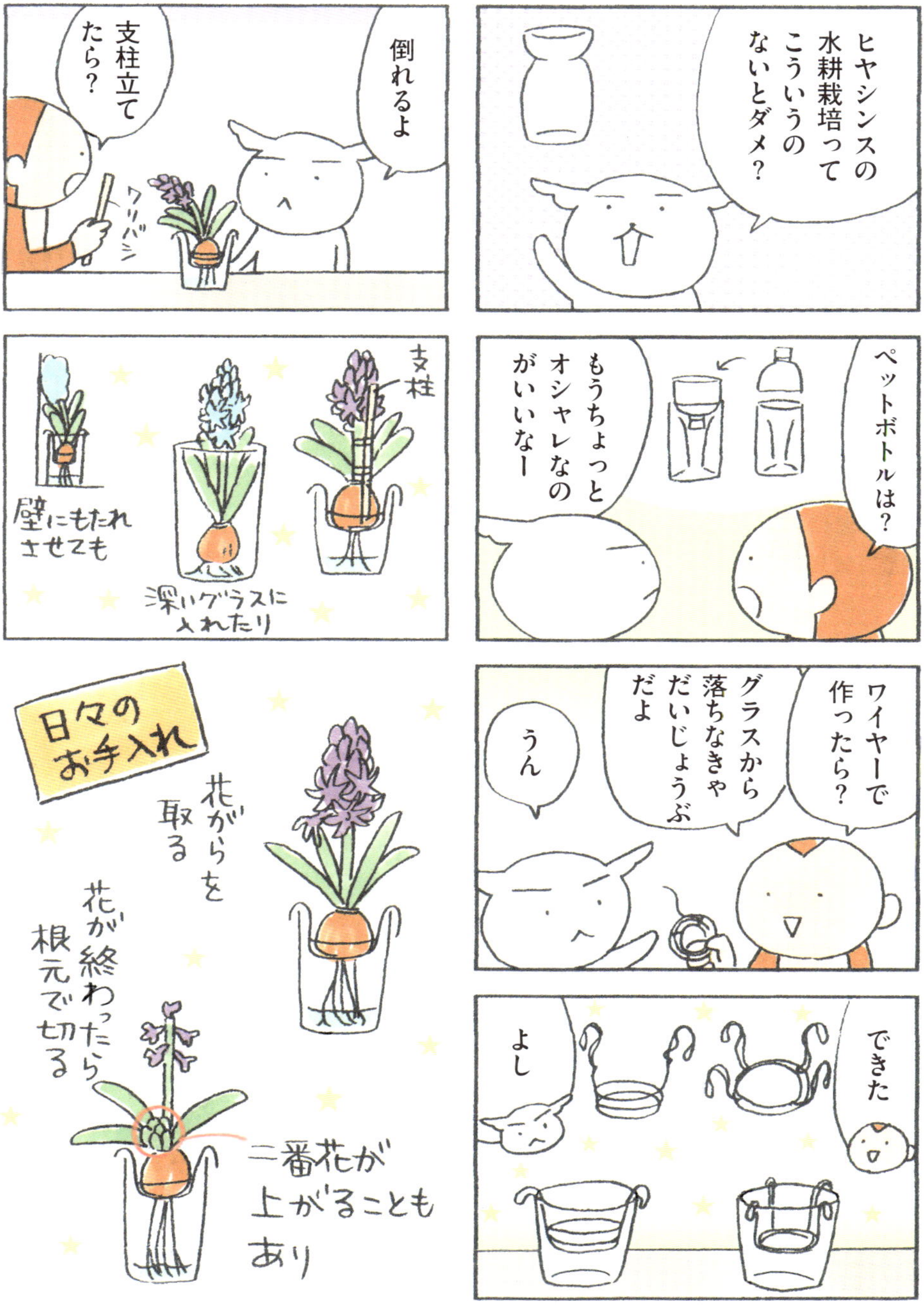

ヒヤシンスの水耕栽培ってこういうのないとダメ？
倒れるよ
支柱立てたら？
ワリバシ
ペットボトルは？
もうちょっとオシャレなのがいいなー
支柱
壁にもたれさせても
深いグラスに入れたり
ワイヤーで作ったら？
グラスから落ちなきゃだいじょうぶだよ
うん
できた
よし
日々のお手入れ
花がらを取る
花が終わったら根元で切る
二番花が上がることもあり

さくいん

おわりに

最後まで お読みいただき ありがとう ございます
じつは ちょっと お知らせが あります
昨年 店長の 急病のため
急きょ花屋を 閉店しました
23年間※ ありがとう ございました
花福
一人で店を 片づけるの 大変 でした
※こざるは18年
現在自宅で 療養中です
元気です
SNSやブログで 漫画を更新 してますので
そちらも よろしく でーす

花福こざる（はなふく こざる）

群馬県出身。漫画家、イラストレーター。東京都大田区南雪谷にて夫と2人で花屋「花福」を23年間経営していたが、2024年閉店。植物とネコと古いものが好き。著書に『お花屋さんに聞く マンガ切り花図鑑』（誠文堂新光社）、『公園植物ワンダーランド』（イースト・プレス）、『花を育ててみたいのですが。枯らさないコツ、花屋が教えます』、『木を育ててみたいのですが。鉢植えで気軽にはじめられます』（いずれも家の光協会）など。

ブログ「花福日記」
https://ameblo.jp/hanafukukozaru/

Instagram
@hanafuku_kozaru

X（旧Twitter）
@hanafuku_kozaru

部屋で植物を育てたいのですが。

観葉植物・多肉植物を枯らさないコツ

2025年2月20日　第1刷発行

著者 ──── 花福こざる

発行者 ──── 木下春雄

発行所 ──── 一般社団法人 家の光協会

〒162-8448　東京都新宿区市谷船河原町11

電話　03-3266-9029（販売）

03-3266-9028（編集）

振替　00150-1-4724

印刷・製本 ──── 株式会社東京印書館

ブックデザイン──藤田康平（Barber）

校正──安久都淳子

DTP製作──天龍社

画像素材──PIXTA

画像協力──安元祥恵、ローラン麻奈

ISBN978-4-259-56828-3　C0061